ソーシャルもうええねん

村上福之

Nanaブックス

ソーシャルもうええねん

CONTENTS

第1章

ソーシャルもうええねん

第2章

動いているものを見せれば大人は納得する

第3章

世の中、金ではどうにもならないことがたくさんある

第４章

最後によかったと思える人生を

はじめに

はじまりは、2007年5月、場所はCNET Japanの会議室です。

「すみません。ブログ、書かせていただけないでしょうか」

僕は当時、インターネットに関してまったくの素人でしたが、ネットメディア大手のCNETにブログ連載を頼みに行きました。

当時の僕は、会社を登記して上京したばかり、まだ、自分の住む場所すら決まっていませんでした。

CNETブログには、サイバーエージェントの藤田晋《すすむ》社長をはじめとする有名IT系社長が、多く掲載されていました。僕のほうは、インターネットビジネスどころか、会社を立ち上げて1ヶ月しかたっていませんでした。離婚して、元嫁から「もらった」慰謝料で起業はしたものの実績はゼロでした。執筆経験もネットビジネスの経験も皆無なため、絶対断られると思いながらお願いしました。

「いいですよ。自由に書いてください」

断られると思って、ブログの執筆をお願いしたら、あっさり許可いただきました。もちろん、ノーギャラです。おそるおそる、丸一日かけて、初めてブログを書きました。しかし、まったくアクセスが来ませんでした。

しかし、その後も、特に仕事がないため、ただただブログを書いていました。だんだんブログのランキングも上位になりました。それがきっかけになったのか、いろいろなところから、仕事をもらえるようになりました。

ブログ連載を始めて3年後には、アルファブロガー・アワード2011を受賞させていただくことになりました。ただただ、仕事がないためブログを書いていただけなのに、人から表彰されるのも変な気持ちでした。

ここ数年、ソーシャルな時代になっても、僕の仕事は、まず「ブログありき」で成り立っています。ブログでまず何かを発表してから、反響を見、後にプロジェクトを始めるという仕事の仕方です。そんな僕の「５年分のブログ」を今回、本にまとめました。時代背景に合わない記事を抜いて、多くの加筆をしました。読んでいただくとこの５年の間に浸透してきた「ソーシャル」の危うくて信用できない感じが、よくわかると思います。

ただただ、「仕事がないから」という理由で、ただただ書き飛ばし続けたブログです。今も連載中の『ＩＴｍｅｄｉａオルタナティブ・ブログ』『誠ブログ』『ＢＬＯＧＯＳ《ブロゴス》』『エンジニアｔｙｐｅ』などで、５年分、計２２００万ページビューはあると思います。

ご一読願えれば幸いです。

村上福之

第１章

ソーシャルもうええねん

フォロワーも、「いいね！」もカネで買える

Facebookの株価も上場当初よりは半分以下に落ち込み、ついに赤字に転落しました。Twitterも経営的にはよくないようです。2012年3月に米国のゴーカーメディア社が入手した資料によると、Twitterの純損失額は、2011年1〜4月で2540万ドル（20・9億円）で、必ずしも順風満帆な経営状態ではないようです。ソーシャルで一時期はもてはやされていた会社が、経営的に大変な状況になっています。

Twitterのフォロワーがネット上で売り買いされるようになったのは、2010年くらいからです。執筆時点で（2012年8月29日）、アメリカのフォロワー販売サイトを見たところ、フォロワー5000人で43ドル、つまり3800円です。家族4人で回転寿司に行く料金よりもずっと安い値段で5000人分のフォロワーが買えます。

Facebookの「いいね！」も、同じころからネット上で売り買いされるようになりまし

◉カネで買える「ネット上の人気」

サイトなど	販売されてるもの	数量	価格
Twitter	フォロワー	5000人分	3,800円
Facebook	いいね!	5000人分	15,000円
YouTube	再生数	5000回再生	2,300円
GooglePlus	Plus	2000人分	48,000円
Web	アクセス	10万アクセス	13,520円

た。「いいね！」の販売サイトを見たところ、**「5000いいね！」が199ドル、約1万6000円です。東京から大阪まで新幹線で行く程度の値段で、5000人分の「いいね！」が買えます。**

同じく、YouTubeの再生回数もネット上で売り買いされています。再生数の販売サイトを見たところ、再生数5000回で28・55ドル、約2300円です。CD1枚程度の値段でYouTubeの5000回分の再生数が買えます。

Facebookコンサルタントにお金を払うと、何万人もの「いいね！」がたたき出され、「ネットで話題の商品です！」という虚構が作られます。

現実には誰も見ていないにもかかわらず、「YouTubeで一晩で50万回再生された大人気アーティストの映像です！」とテレビで紹介することも可能です。50万回は、約23万円分です。

広告予算からすると高くない値段です。

ついには、Facebookに「実際には存在しないユーザー」がかなり多くいると、Facebookの協力会社が告発し始めました。半年前までは世界で9億人、今では10億人が使っているネットワークといわれていたのに、いきなり冷や水を浴びせられた気分です。

さらに、**「Facebookにおける広告のクリックのうち80%は、機械的にコンピューターが行っているもの」と言う協力会社も出てきました。**それが本当かどうか部外者には確かめるすべはありません。しかし、Facebookは広告を1クリック数百円で販売し、それが売上の85%を占めています。多くのソーシャルマーケティング信者は、機械的にコンピューターがクリックする広告に何億円もの広告費を払ってきたのかもしれません。

ソーシャルの世界と現実が離れているように見えます。

たとえ、1万2000人のフォロワーがいたとしても……

僕にはTwitterで1万2000人のフォロワーがいます。買ったフォロワーではありません。ブログや新サービスを作るたびにどんどん増えていったフォロワーです。ネット業界にいるため、フォロワーを買って増やすとバレてしまいます。

しかしながら、1万2000人のフォロワーがいるにもかかわらず、僕は土日を一人で過ごしています。嫁も恋人もいません。1万2000人というと多いように見えるかもしれませんが、ネット業界にはそんな人はドブに捨てるほどいます。さらにManageFlitterというツールで調べると、最近はTwitterにログインしない人が増加しています。僕がフォローしている人の6人に1人が30日以上、Twitterを使っていません。つまり、「Twitterに飽きた人」が増えてきました。すべてのTwitterユーザーが毎日Twitterを見ているわけではありません。PCやスマートフォンを触れない接客業をしていたり、子育てで忙しい人などは、Twitterのユーザーでも見ているヒマがない人も多いです。

日曜日の夜に「富士そば」という立ち食いソバ屋さんで一人、290円の盛りソバを夕食として食べます。一人でソバをすすりながら、FacebookやTwitterを開くと、同世代の方々は家族で娘の誕生会をしたり、友だちと夕食会をしていたりします。

僕は、「富士そばなう」とスマートフォンでつぶやきます。それが、ドコモの回線を通じて、ドコモのサーバーに向かい、太平洋を渡って、アメリカのＴｗｉｔｔｅｒのサーバーに書き込まれます。再び、アメリカから、太平洋を渡って、ほとんど日本人であろう、１万２０００人のフォロワーの元に配信されます。しかし「富士そばなう」に対して、１万２０００人からは、特に何の返事も返ってきません。

何の意味があるでしょう？　僕は、今後、人生で何度、一人で富士そばで夕食を食べるのでしょうか？　そして、何度、意味のない電気信号を太平洋を往復させるのでしょうか？

……ソーシャル、もうええねん。

どういう人をターゲットにすると
モバゲーのような利益600億円の商売ができるのか？

モバゲーを運営するディー・エヌ・エーの経常利益が600億円を超えました。

2012年3月期通期決算で、売上1457億円、営業利益634億円です。利益率は40％を超えてます。ちなみに日本の大手家電メーカーの営業利益率はここ10年は9％を超えたことはありませんし、今は多くのメーカーが赤字です。

そんな状況下の日本で、どんな人をターゲットにすれば、利益600億円を超える商売ができるのでしょう。

モバゲーの中に「現在の仕事サークル」という職業別の掲示板があります。もちろん、すべてのモバゲーのユーザーがこれに書き込んでいるわけではありませんが、ある程度の傾向をつかめます。単純に最新の書き込み順から拾い上げ、次ページの表にまとめてみました。

◉モバゲーの「現在の仕事サークル」に見る職業分布

＊2012年10月

サークル	人数	職業
虎っ子ファミリー	20人	トラック運転手
介護裏技	21,587人	介護関係
観光バス乗務員部屋③	19人	バスの運転手
巻き網漁師連合軍	33人	漁師
☆モバトラ倶楽部☆	39人	トラック運転手
北日本哀心舎	6人	トラック運転手
バスっちゃお	25人	バス運転手
わっぱまわし愛好会	163人	トラック運転手
夢街道。涼龍	7人	トラック運転手
接客業	1,876人	接客業
知的障がいサークル	814人	知的障がい児者福祉
路線バス運転士の雑談	39人	バス運転手
風俗嬢待機室	801人	風俗
みんなの運転代行	66人	運転代行
運ちゃん集まれ～	27人	トラック運転手
全日本タクシー組合	42人	タクシー運転手
スマイル東京観光バス	25人	バスの運転手
首振り倶楽部	186人	トラック運転手
西日本トラック純愛組	28人	トラック運転手
クロネコモバ宅急便	1,559人	宅配便
トラック好き仲間	19人	トラック運転手
鉄筋コンクリート（建設業界）	1,341人	建設関係
バスってイ～ね	26人	バス運転手
§虎食ぅ海苔§	27人	トラック運転手
新風俗専門店	27,536人	風俗キャバクラ

圧倒的に、トラックやバスの運転手や介護関係が多いです。ネクタイ着用率が非常に少ない気がします。女性は人数の割合から、夜の職業の方が多いように見えます。

これはモバゲー内の［現在の職業］サークルでの掲示板の題名を最新順に拾っただけなので、この人たちが課金をしているかどうかはわかりません。しかし、ある程度はモバゲーの驚異的な売上に貢献している可能性は高いです。

ネット業界の非常に面白いところは、サービスを開発している人たちとまったく反対方向のカテゴリーのユーザーに向けて作った方が、売上が上がるという点です。

それは日本古来からの「商売」ではない

たとえば、かつて、ガラパゴスケータイの世界でケータイコンテンツが売れた時代には、着うたや、デコメ画像がケータイコンテンツ販売会社の売上を牽引しました。しかし、ネット業界にいる人たちは、そういうデジタルコンテンツにお金を払うのは非常にバカバカしいと思っていました。「YouTubeで無料で音楽が聴ける時代に、お金を払って音楽コンテンツを購入するのはバカバカしい」「画像検索サービスを使えば、あらゆる画像が手に入る時代に、デコメというGIF画像をお金を出して購入するのはバカバカしい」そう考える開発者が多いのは至極当然です。

しかしながら、開発者たちが自分ではバカバカしいと思っているサービスが売上を牽引し、市場を引っ張っているのが現実です。

ケータイコンテンツの世界は、クーラーのきいた涼しいオフィスビルのパソコン上で作られた仮想アイテムに、汗水流して働くトラックの運転手さんなどのブルーワーカーがお金を払う不思議な市場です。開発しているほうも、なんで売れているのかよくわかっていないことも多いです。

日本人が、古来から持っていた商売に対する考え方とは若干相反する世界だと、僕は思っています。

オッサンがカネを払い、若者が無料で遊ぶソーシャルゲーム

ケータイソーシャルゲームが儲かっているという話を聞きます。一方で、最近は勢いが落ちてきたという話も聞きますし、まだまだ、これから伸びる業界という話も聞きます。

2009年12月17日の『読売新聞』社会面には、ケータイソーシャルゲームの課金システムについて『無料携帯ゲームの相談3倍増……小学生がトラブルに』という見出しの記事が掲載されていました。そこから2年半がたった2012年の5月、コンプリートガチャに消費者庁から規制がかかったのは、記憶に新しいと思います。

いま、日本のケータイソーシャルゲームは、以下のような傾向です。

社会人はスキマ時間にプレイして、お金で時間を買う遊び方をしています。一方、専門学校生や大学生は、遊ぶ時間は長いのですが、多くはお金を払いません。

★10代と30代のゲームにおける傾向の違い

・10代および学生……プレイ時間が異常に長いが、ひたすら無料プレイ。
・30代以上社会人……プレイ時間が若い世代より短いが、人によってはお金は払う。

たとえば、スターバックスのコーヒーと同じ値段で、ゲーム内のキャラクターの体力を回復させ、ゲームをどんどん進められるのならば、30代の独身の社会人男性なら、課金することがあります。一方、学生なら、時間をかけて無料で体力をちょっとずつ回復させ、地道にゲームを進ませ、ボスを倒します。同様に、ゲームの中のカードやアイテムも、10代のユーザーはそんなに買いませんが、30代以上のユーザーは、人により購入もします。

そういった社会人ユーザーが、若い人にゲーム内のアイテムカードをプレゼントすることも多く、そこで、「新たな交流」が生まれることも少なくありません。社会人男性ユーザーが会ったこともない若い女性ユーザーにプレゼントすることもあれば、社会人女性ユーザーが会ったこともない若い男性ユーザーにプレゼントすることもあります。**そこから、どういったことに発展するかは、僕はあえてここでは書きません。**

最近ではすべての携帯電話会社で子どもの課金に上限がつきました。しかし、クレジットカードやプリペイドカードによる課金には上限がないので、子どもの高額課金者を完全にゼロにするのは難しいです。一部では、親のクレジットカードを勝手に使って課金しているケースもあるようです。むしろ、できるだけ多くの無料ユーザーに長い時間遊んでもらわないと、ユーザー数が伸びません。一方で、むやみやたらにユーザーからお金を取るゲームが存在するのは事実です。しかしながら、そんなゲームの人気は長続きしません。

狙われるオッサンたち

お金を払うのは30代以上が多いため、コンテンツも30代以上を狙った作りが多いです。たとえば、2011年にヒットしていたのは、「オッサン臭い」コンテンツです。**ゲームのネタが「ガンダム」や、「キャプテン翼」「キン肉マン」です。ゲームのオリジナルコンテンツでも任侠物がヒットしていました。**「**ドリランド**」も「**ビックリマン**」**のオマージュです。最近は、**「**大相撲**」**や**「**西部警察**」、「**カードキャプターさくら**」**までソーシャルゲーム化されました。どう見ても、オッサンターゲットです。本当にありがとうございました。**

ソーシャルゲームが増えすぎて、1本あたりの平均売上が落ちてきたのも、ここ最近の傾向です。著作権利料と相談すると、お手軽にオッサン世代が好きなアニメコンテンツを使うわけにもいかなくなってきたように見えます。

そこで、2012年4月あたりから、**かわいい女の子の画像を集めるカードゲームが比較的増えてきました。**30代以上の男性がターゲットです。おそらく、ナムコの「アイドルマスターシンデレラガールズ」というアイドルの女の子のカードを集めて育てるゲームが大ヒットしたためでしょう。**他社のキャラクター料のかかるアニメよりも、自社の女の子画像の路線に転換**する会社がいくつか出てきました。女の子のカードになぜか「親密度」や「服従度」などの数字があり、ゲームで遊んでいくうちに、その数字が上がって、女の子の絵がもう少し可愛くなったり、場合によっては、肌の露出が上がる場合もあります。つまり、露骨な業界になりつつあります。

このように、日本のケータイソーシャルゲームは30代以上がお金を使い、若い人が無料で遊ぶ構造で成り立っています。

実際にいい年をした大人で何十万円、ときには、100万円以上も課金するユーザーもかなり実在しました。２０１１年後半から、２０１２年前半のコンプガチャ全盛時代は、意図的に一部の高額課金へとユーザーを誘導する作りのゲームもありました。今でも**レアなカードが確実に出るガチャが1回1万円というのがあります。**おそらくクレジットカードかプリペイドカードで、何万円も金額を使っておられるユーザーがいるのは確かです。当然、ユーザー自身が10桁以上のカード番号を入力して、決済しているため、納得ずくの課金でしょう。カード番号を、うっかり押してしまったわけではありません。

高額化した経緯

ガチャや景品アイテムが高額化した背景について、綿密に計算されたもののように、自称「ソーシャル評論家」が論じたりもしますが、実際は違うと思います。僕には、ソーシャルゲームと呼ばれる前に、こういったケータイWebゲームを作っていた経験があるのですが、もともと、ケータイWebゲームは完全に無料で、広告によって収益を得る方式でした。その後、徐々にアバターやアイテム課金が導入されたのですが、**当時から作り手側も、「なぜ高額化しても売れ**

るのか」がよくわかっていませんでした。

アイテムに制作費なんかはかからないので、なんとなく高いアイテムを置いてみたら、別にだますつもりもないんだけど、なんか知らないけど、売れる。調子に乗って、値段を上げてみたら、それでも売れる。正直、なんでユーザーは買うのか作っているほうも、よくわからない。500円のアイテムも1000円のアイテムも制作費は同じなのに売れる。本当によくわからない……。

初期は、そういう雰囲気でした。ゲームの中で1000円を超えるアイテムを出しても、なぜか売れるのかが不思議でした。そういったものが、どんどんエスカレートしていきました。

モバゲーが、アメリカのZynga《ジンガ》の「Gang Wars」をベースにケータイでも簡単に遊べるようにしたソーシャルゲーム「**怪盗ロワイヤル**」をリリースしたのが、2009年10月です。これで、ケータイWebゲームが広告モデルから、完全に課金モデルに移行しました。特に、「怪盗ロワイヤル」でアイテムのコンプリートをたきつけるゲームモデルが定着したように思います。

「絵合わせ」のためアイテムをコンプリートしたくなる作りになっており、**なぜかしら「最後の1個がなかなか揃わないシステム」**も、このときに定着したように思います。

しばらくして、「怪盗ロワイヤル」の多くの「パクリ」ゲームが各社から出ました。2010年9月にコナミから「**ドラゴンコレクション（ドラコレ）**」というGREE用のゲームがリリースされ、カードバトルゲームに火がつきました。「ドラコレ」はその後、月に二桁億をたき出す巨大なゲームになりました。そのゲームシステムに**GREEがインスパイアされて、2011年5月に現在の「ドリランド」を作りました。**

ドリランドは、その名の通り、元々ドリルで地面を掘って探検するゲームだったのですが、なぜかしら、「ドラコレ」のような**カードバトルゲームに大幅に変更**されました。まったくといっていいほどドリルが出てこないのにもかかわらず「ドリランド」なので、わけがわかりません。原型をとどめていない別のゲームになってしまい、以前のユーザーからはかなりの反発がありましたが、テレビでタレントを使ったCMを打ち続けて大ヒットしました。その後、他社でもカードバトルゲームばかりが出るようになりました。

業界内で、1回300円だったガチャが、3000円の11連ガチャが普通になり、確率操作も日常化し、**数十万円を出さないとコンプリートできないゲームシステム**になり、いろいろさまざまな大人の動きがあったあと、ついには、消費者庁から、規制がかかってしまいました。

ゲーム会社も元から高く売ろうとして作っていたのではないでしょう。なんとなく高い値段をつけてみたら買う人がいたために、ゲーム課金ビジネスがエスカレートしていったのだと考えられます。ただし、しだいにエスカレートして、課金への誘導を増やしたり、意図的にガチャの確率を不公平にいじったりしていたのも事実です。客単価を上げるために、3000円ガチャや、コンプガチャが禁止されたため、最近は「**コンプは関係ないけど、確実にレアなカードが出る1万円ガチャ**」まで出てきて、そもそもゲームとは何なのか考えさせられます。

コンプガチャに規制がかかったこともあり、最近のソーシャルゲームは、カードゲームが主流です。使われている画像も、初期のケータイソーシャルゲームのように、小さくて「へボい」アイコン風ではありません。きっちりと描き込まれた上に、スマートフォン用の大きな画面にも対応した高品質な画像が必要となりました。100枚以上を制作しないといけないため、それなりに制作費用がかかるようになってしまいました。ゲームを作るプログラムよりも、画像や見た目のほうが重要になってきました。

ケータイソーシャルゲームと広告のエコシステム

ケータイソーシャルゲームにもSNSという性質上、膨大なアクセス数には、広告媒体としての価値があります。たとえば、SNS内の広告が、1枠1週間60万円程度の料金で売られていました。もちろん広告枠は多くありますし、ローテーションです。そのページの枠のみでも一ヶ月で何千万アクセスもあるため、何十社で、いくつもの枠を競うように買っていました。その枠を買うのも、実はソーシャルゲームの会社です。

自社でユーザーを集める方法を持たない会社は広告に頼るしかありません。ソーシャルゲームで儲けたお金を広告に投資する理由です。

以前は1枠、1週間で40万～90万円という固定の金額でしたが、最近では、**クリック単位の入札制**も導入されました。簡単にいえば、**入札による競争で広告の値段**を決めるシステムです。

多くの会社による**競争原理**が働いています。

集客に関しては、すべてが公平な競争かというと、そうでもない部分があります。たとえば、SNSの運営会社が株主として入っているゲームが優先的にトップページに表示されることも少なくありません。

今のケータイソーシャルゲームは、大人の事情がからみすぎて、すっかり手垢のついた世界になってきました。

しかし、今の日本のインターネット業界で、まともに儲かっていそうなのは日本式ケータイソーシャルゲームくらいです。「彼ら」は日本のモデルを海外に持っていこうとがんばっています。ケータイソーシャルゲーム会社の多くが、税金の安いシンガポールに拠点を作り始めました。Facebook やTwitter に関わっていても儲からない現実も、見えてきました。アメリカのソーシャルゲーム大手Zynga は赤字を出し始めたようです。

2012年5月12日にサイゲームズが開発し、ディー・エヌ・エーがリリースしたゲーム

「神撃のバハムート（Rage of Bahamut）」が、アメリカのiPhoneとAndroidのランキングの両方で1位をとったという話題が、ソーシャルゲーム業界を席巻しました。今後、日本のソーシャルゲームは世界で売れ続けるのかもしれませんし、すぐに飽きられるのかもしれません。

一方、グリーやモバゲーは海外進出を積極的に行っていますが、日本のビジネスモデルがそのまま使えるのかというと、そうでもないです。今まで、モバゲーもグリーもゲームの中の課金はキャリアを経由した自社の課金システムで手数料を取っていました。しかし、海外でモバイルインターネット環境が整ったのは、iPhoneやAndroidのようなスマートフォンからです。どちらも、AppleやGoogleの課金決済システムを使い、彼らに30パーセントの手数料を払わないといけなくなりました。30パーセントというのは大きいです。仮にゲームがヒットしても、これまでのように、高い利益率を保つのは難しいかもしれません。

ソーシャルゲーム業界の未来は、たぶん、明るいでしょうが、僕は、もういいです。

Facebookの実名主義はどこまで本当か？

2012年10月4日発表のプレスリリースによりますと、Facebookは世界中で10億人以上が使っている超巨大SNSだそうです。竹内宏編『アンケート調査年鑑2012年版』（並木書房）には、マクロミルによる「Facebookユーザー500名に聞くFacebookの利用実態調査」の結果が出ています。それを見ると、Facebookのよいところは、「全世界で登録ユーザーが多い」46％、「実名なので情報に信憑性がある」35％となっています。しかし、僕は皆さんに言いたいです。

この世には、誰もがウソとわかっていても誰もつっこまない数字が3つあります。一つは、中国のGDP（国内総生産）、もう一つは、デーモン閣下の年齢、最後のもう一つは、Facebookのユーザー数です。

Facebookが実名主義のネットワークであることを信じている日本人は、Facebookがアメリカ製SNSだということを忘れていると思います。リーマンショックやイラク戦争やエンロン事件を起こした国が発信する情報の信頼性が、どんなものだったかを思い出していただきたいです。

とりあえず、「綾波レイ」（REI AYANAMI）で検索してみると、1万人以上が出てきます。驚きです。しかしながら、アメリカのSNSの会社に「綾波レイ」が実在する名前なのか否かを判断するのは難しいかもしれません。

イラクやミャンマーなど、アメリカ人にとってなじみの薄い国に「綾波レイ」が多いように思います。どうやら「よくわからない発展途上国」の方が、審査されにくく、放置されるようです。

つまり、よくわからない国は調査しようがないため、放っておこうという方針に見えます。

アルゼンチン人の半数近くがFacebookユーザー？

たとえば、アルゼンチンという国があります。外務省 海外安全ホームページによると「アルゼンチンは、中南米諸国内では教育・生活水準が高く、治安の良い国と言われていました。しかしながら、近年の政治・経済危機の発生により生活困窮者や失業者が増加し、最近では、麻薬関連の事件や銃器を使用した凶悪な犯罪が目立ってきています」という国です。そんなアルゼンチンですが、Facebookの広告ツールで見ると、人口の半数近くがFacebookをやっていることになっています。日本ですら10％をちょっと超えたユーザー数なのにもかかわらず、全人口の半数近くがFacebookをしていることになっています。

アルゼンチンのユーザーが、マーケティング会社による架空の存在なのか、本当にアルゼンチンの国民なのかは、僕にはわかりません。ただ一ついえることは、完全に現実とは離れているということです。

僕はFacebookを何億人の人が使っていようと、興味ないです。どうして、Facebookは、ユーザーを増やすのでしょうか？　思うに、理由は以下の3つです。

①広告収益を上げるため
②投資家からお金を投資してもらうため
③マーケティング会社が、がんばって増やすため

では、詳しく見ていきましょう。

① 広告収益を上げるため

Facebookの収益は、85％が広告です。特に、Facebookは創業時、クレジットカード会社の広告キャンペーンなど、大きな広告案件を取っては事業資金にしてきました。広告の基準になるのはユーザー数とページビューです。日本ではページビューを重視しますが、アメリカのネット広告はユーザー数を重視します。つまり、ユーザー数が多ければ多いほど、広告案件の値段が上がります。ですから、特に創業時は架空でもいいからユーザー数が必要になってきます。

今は、Facebookが自社で広告配信をしています。つまり、ユーザーがFacebook上で広告を登録し、男性、女性、年齢層などターゲットを設定して広告を出稿でき、1クリックいくらという値段を決めます。1クリック2円～200円くらいが相場です。そこで、別のFacebookユーザーがそれをクリックするとFacebookに収益が入ってきます。

ちなみに1クリック2円程度だとインドネシアやブラジルなどで効率よく「いいね！」を集められます。要するにユーザー同士で広告を売ったり、買ったりしているため、ユーザー数が必要となります。**ユーザー数、イコール、お金です。**

②**投資家からお金を投資してもらうため**

アメリカの投資家が、無料のインターネットサービスに多額のお金を投資する話をよく聞きます。さて投資家は無料のインターネットサービスにお金を投資するとき、どうやって値段を見積もっていたのでしょうか？　非常に簡単です。Ｆａｃｅｂｏｏｋが次々と投資を受けていた時代には、**ユーザー数で値段を決めていました。**とりあえず、ユーザー数を集めれば、多くのお金を投資してもらえる時代でした。２００４～10年あたりが、そういった時代でした。当時のアメリカのインターネット業界はバブルでした。１０００万ユーザーがいれば、10億円くらいは引っ張れる不思議な時代でした。そのため、ユーザー数を増やす必要がありました。

ユーザー数、イコール、お金です。大事なことなので2度言いました。

③**マーケティング会社ががんばって増やすため**

先にも書いたように、残念ながら、多くの実在しないＦａｃｅｂｏｏｋユーザーがいます。さらにややこしいことに、マーケティング会社が作った偽装アカウントや、出会い系の方が作った存在しないユーザーも無数にいます。実際、Ｆａｃｅｂｏｏｋをやっていると、見たことも、聞

◉Facebookファンの販売例：500人＝34.99ドル

いたこともない女性に、別のサイトへと誘導されることもあります。ガラケーの迷惑メールと同じ方式です。実際、多くの会社がユーザーを量産したり「いいね！」を押しまくったりするプログラムを一時期、使用していました。どうしてそういったものが、必要だったのでしょうか？

Facebookがはやり始めたとき、自社のページに「いいね！」ボタンが押されないため、企業のなんとかしてほしいというニーズは非常に多かったです。そのため、「いいね！」が、1個数十円から数百円で売られていた時期がありました。

昨今は、「いいね！」を買うよりも、発展途上国向けに広告で誘導したほうが、効率よく集められるケースもあり、それを転売しているだけのケースもあります。

もちろん、そういったニーズは日本以外の国でもあります。たとえば「ｂｕｙ　ｆａｃｅｂｏｏｋ　ｌｉｋｅ」で検索すると、売り買いされているのが現実がよくわかります。

正確なユーザー数は外部からわからない

実はPCのSNSの正確なユーザー数は外部からはわかりません。自分でSNSを作って、「ワシのユーザー数は、百八億まであるぞ！」と言い切っても、確かめるすべはありません。外部のアクセス会社を通して、だいたいのアクセス量がわかるため、「ある程度」は推測できますが、正確ではないため、「ある程度」はサバを読んでも、バレないのが実情です。むしろ、SNS業界でサバを読まれていないユーザー数はないです。

ケータイのSNSなどは、端末情報やケータイのメールアドレスなどの関係上、あまりウソはつけない部分はあったのですが、モバゲーが、ケータイではなくてもアカウントが作れるようになってしまったので難しいところです。

Ｆａｃｅｂｏｏｋなどのソーシャルネットワークの正確なユーザー数は誰もわかりません。女性の体重のようなもので、正確な値を知ってもたいしたメリットがないですし、たとえ教えてもらっても信憑性はわかりません。それよりソーシャルネットワークで大事なことは、あなたの周りの人が使っているかどうかです。

Ｆａｃｅｂｏｏｋは10億人以上の人が使っているのかもしれませんが、あなたの短い人生で出会える人間は、残念ながら10億人よりずっと少ないです。

あなたの周りがｍｉｘｉを使っているならｍｉｘｉを使うべきでしょうし、Ｇｏｏｇｌｅ＋を使っている人が多ければ、Ｇｏｏｇｌｅ＋を使うべきです。僕の周りでは、エンジニア系の友だちはＴｗｉｔｔｅｒを頻繁に使いますが、経営者系の友だちはＦａｃｅｂｏｏｋを中心に見ています。どちらも重要です。

当たり前の話ですが、大事にするべきはソーシャルネットワークそのものではなく、あなたに気をかけてくれるかけがえのない、血の通った人間関係であることを忘れてはいけないと思います。

1日で作ったサイトを150万円でヤフオクで売った話

衛藤《えとう》バタラさんは言いました。

「いろいろ考えるより、海外で話題のサービスをパクれ！　僕も、Friendsterいうサイトを徹底的にパクって、mixiを立ち上げた！」

衛藤バタラさんとは、mixiを最初に作ったプログラマーです。六本木のとある無料セミナーでバタラさんは何度も何度も「**パクれ**」と言っていました。そんなセミナーから数ヶ月後の、2012年2月13日、アメリカで話題のサービスが日本のネット業界を席巻しました。

・2012年2月13日（月）

その日、ネット業界はGumroad《ガムロード》というサイトの話題でもちきりでした。**Gumroadとはアメリカの19歳の青年が作ったサイトで、オープンと同時に投資家から約100万ドルを調達したコンテンツ販売サイトです。**

しかし、僕はというと、完全に話題に乗り遅れており、当日は、Gumroadって何ですかという状態でした。さらに、**当のGumroadというサイトは大人気すぎて、つながりません。**話題のサイトなのに、自分だけ触れていないのは、なんだか「クラスでたった1人、ファミコンを持っていない小学生」のような気分でした。

しかし、iPhoneのカメラアプリで有名な深津貴之さんがGumroadをたった140文字で説明してくれていました。これが完全な鍵となりました。彼のツィートを再現してみます。

つまり、写真でも、テキストファイルでも、Wordのファイルでも、どんなファイルでも値段をつけて、誰もが売ることのできる非常に画期的なサイトです。しかし、構造は非常に単純です。僕にとっては、**1日で作れるように思えました。**

◉Gumroadの仕様が書かれたツィート

深津貴之 @fladdict

個人で直販Gumroadの仕組み、「ファイルをアップする」→「サムネとかアップする」→「コメントを書く」→「URLをTwitterとかに春」→「これだけで、なんでもデータ販売可能」http://goo.gl/2Cgtf

開く ← 返信 リツイート ★ お気に入りに登録

僕の頭の中にバタラさんの言葉が響き渡りました。そう、「いろいろ考えるより、海外で話題のサービスをパクれ！」という伝説のフレーズです。

その日の僕はいろいろと仕事があり、スーツを着てあちこち歩き回っていたのですが、夜になって時間が空きました。渋谷の富士そばで簡単な夕食を済ませたあと、喫茶室ルノアールに向かいました。関東ではコンセントを開放していることで有名な喫茶店です。

ルノアールでカフェオレを注文すると、僕はノートパソコンを開きGumroadにアクセスしました。まだ、サーバーにアクセスが集中しているためつながりません。**Gumroadは、見たことも触ったこともないサイトでしたが、先ほどのツィートがすべてだとすると、わざわざ本物のGumroadを見なくても、Gumroadのパクリサイトは作れるのではないかと思いました。**

テキストエディタを立ち上げ、プログラムを書き始めました。ルノアールの閉店直前に、誰でもファイルをアップロードして売れるテストサイトをパソコン上で完成させて、僕はルノアールを後にしました。

・2012年2月14日（火）

元ネタがGumroad（ガムロード）なので、サイト名はAmeroad（飴《アメ》ロード）と決めました。

後に、リリース日がバレンタインデーのため、「チョコロード」じゃないのか？　と言われたりもしましたが、恋人も妻もいない僕は、バレンタインデーを完全に忘れていました。

そのまま**レンタルサーバーの無料お試しプラン**を申し込み、プログラムをアップロードしました。無料お試しサーバーの試用期間は2週間で、利用料金を払わないとサイトごと消されてしまいます。しかし、2週間あれば、サイトの善し悪しがわかるため、あえて無料のサーバーで作りました。流行のクラウドサーバーを使わなかったのは、設定に時間がかかるためで、1秒でも早くリリースするためでした。テストのファイルをアップロードし、きちんと課金ができることを確認し、Twitterとブログで告知を行いました。

・2012年2月15日（水）

ネット上でかなり話題になりました。**Yahoo!ニュース、ITmedia、ライブドアニュース、R25などで掲載されました。アメリカで大ヒットしたサービスが、たった1日でパクられたわけですから、話題にもなります。**

アクセスが集まりました。このまま会社として運用してもいいのですが、うまくいく気がしません。なぜなら、僕は作るのは好きですが、運用したりオペレーションを組織するのは好きではないからです。**また、所詮、手数料商売なのでオペレーションを大規模化しないと儲からないのも目に見えていました。**

Gumroadのように、このまま投資家に話を持っていき、数千万円ほど調達するのも可能なのかもしれませんが、その場合、投資契約書に従って、事業計画を作ったり、まじめに毎日毎日、このサイトのために働かなくてはいけません。それは、**僕の人生としては面白くないです。**

・2012年2月17日（金）

まじめに運用するなら、まじめな会社にご利用していただこうと思い、**ヤフーオークション**にＡｍｅｒｏａｄを出品しました。**当然ですが、送料無料です。**

即決価格は１５０万円にしました。投資ではなくサイトの買い上げであり、**中小ネット企業のオーナーが１個のサイトに勢いで出せる金額は、ほぼこのくらいの価格だからです。**大企業ではヤフーオークションの稟議や決裁が下りないためです。何より話題性を考えるとヤフーオークションのほうが面白いと思ったためです。

オークションに出品した理由で最も鍵となったのは故スティーブジョブスのスタンフォード大学卒業式でのスピーチの一節です。

毎朝鏡を見て自問している。「**今日が人生最後の日だとしたら、私は今日する予定のことをしたいと思うだろうか**」

この言葉に従い、話題になっている今のうちに手放そうと思いました。

ヤフオクに出品したところ、ヤフーから「**審査させてほしい**」との連絡を受けました。数時間後、正式にヤフーオークションに出品されました。

この出品も話題になりました。**ＩＴｍｅｄｉａやＹａｈｏｏ！ニュースにも掲載されました。2月13日にアメリカでオープンしたサイトが、翌日の14日にはパクられて、17日にはヤフオクで売られているこの状況は、異常といえば異常です。**

オークションページのアクセスが5時間で1万ページビューを超えました。さまざまな会社から、「優先的に譲渡を」というお話もいただきましたが、ネットで公平にオークションをしているために、すべてお断りしました。ネットで公平にやっていることは、公平にしないといけません。

・2012年2月19日（日）

Ａｍｅｒｏａｄは、大阪にあるＲａｚｅｓｔ《ラゼスト》の社長である木村仁さんに即決１５０万円で落札されました。その後、サイトが落札された話も、数々のメディアに取り上げられました。Razestはケータイゲーム会社の老舗で知る人ぞ知る会社でしたが、どうもAmeroadを落札したことで、PCのネット業界でも知名度を上げたようです。

当初のAmeroadは、1978年に発売された大人気テレビゲーム「イース」を開発された方の開発暴露本が販売され、僕らのようなオジサンオタクの人気を集めました。その後、津田大介さんや、岡田斗司夫さんなど、有名な作家が個人的に作品の販売を開始するようになりました。喫茶店で数時間で作ったサイトがこんなことになるとは夢にも思いませんでした。

ただ、mixiのバタラさんみたいには、まだまだなれそうにもありません。「**いろいろ考えるより、海外で話題のサービスをパクれ！**」というのは、**有効な戦略だと思います。しかし、最近、海外のサービスの日本語化の速度が速いので、パクる前に本家本元が日本に進出しているケースが多いのです。**Gumroadもオープンして2日後には日本語版ができていました。Twitterも日本で類似サービスが大量に出ましたが、結局、本家本元のTwitterが日本語に対応し、日本全国を席巻しています。YouTubeがはやったときも、類似の動画サービスが多く出ましたが、本家本元のYouTubeが日本語化したあとは、国内の動画サービスはどんどん消えていきました。生き残ったのは、YouTubeとニコニコ動画のみだと思います。

海外のサービスをパクるのは確かに正しいです。ただそれよりも、日本に進出されてしまう前にイニシアチブを取るのが難しいのが現実です。

しかしながら、バタラさんのような、成功者のアドバイスを聞いて、その通りやってみることは、案外正しいと思いました。

年収12億円アフィリエイターとマック赤坂を信用調査してみた話

つい先日、**ネットやテレビで年収12億円のアフィリエイターの男性が、話題になりました。**年収12億円ということは月収1億円です。彼が関わっている会社のホームページを見ると、確かに、**月間売上1億5000万円**との記述があり、かなり景気がよさそうでした。推察するに、セミナーや出版、アフィリエイトや情報商材で儲けているようです。非常に驚きました。

そこで、その会社を信用調査しました。**自称売上10億円の会社を調べた結果、2010年9月設立で、2011年8月決算の売上が2200万円程度でした。億どころではないのです。**利益は不明です。黒字なのか赤字なのかもわかりません。社員数が10名を超えているところから、見ると**普通に給料と家賃を払うと赤字に見えます。**どう見ても、10億円にはほど遠く、ホームページ上の数字は『界王拳』状態の数字のようです。また、年収12億円と売上10億円もだいぶ違うように思います。売上から家賃や従業員の給料など必要経費をいろいろ引いて、残りが社長個人の給料になるため、このあたりがあいまいに見えました。ただ、直近の決算は公開されてないので、現状の経営状況はわかりません。

ウソをつくのはタダ

僕が、とある証券会社で会員制のFXのテクニカルセミナーを受けたときのことです。セミナー講師の方は「非常に儲かっている」と調子のいいことを言って、自分のFXの手法を自慢げに語っていました。講師の方は自分でFX情報会社を持ち、FXの自動取引ツールを有償で配布していました。そのため、非常に儲かっているらしいです。「え？　あんなのが儲かるんですか？」「**ええ、もう毎月600万円くらい入ってきますね！**」と言っていました。

そこで、また、その講師の方のFX情報会社の信用調査をしました。これも、年間売上1800万円くらいの一人会社でした。毎月600万円という状況には見えませんでした。さらに、**なぜか主な事業はネット広告でした。**どうもFXトレードで儲けているようには見えません。もしかすると、情報商材のアフィリエイトなどで儲けているのかもしれません。よくよく考えると、本当に毎月600万円の収入があれば、証券会社のセミナーの講師はやらないように思います。

マック赤坂という泡沫《ほうまつ》議員候補がいます。日本スマイル党という政党の党首ですが、おそらく党員は彼一人だと思います。都議選や都知事選にしょっちゅう出馬しては、まったく鳴かず飛ばずで消えていく不思議な人です。いつも一人で選挙演説をしており、あまり選挙活動にお金をかけているように見えません。ただ、選挙カーが高級車だったように思いました。しかし、一度選挙に出ると供託金を払わないといけません。何度も、選挙に出るこの人は何なんだろうと思いました。

マック赤坂さんを調べると、大手商社に勤務したあと起業された方でした。そして、また、彼の会社を信用調査しました。どうやらレアメタルを右から左に流す会社でした。日本スマイル党というふざけた政党を運営している割には意外と手堅い商売です。片手で数えるほどしか社員がいないのに億単位の売上がありました。本当にお金持ちのようです。ただ、最近は売上がかなり落ちていて、社長を降りたみたいです。多分、お金があってヒマなんだなと思いました。あんなにお金がかかっていない選挙にもかかわらず、お金はあるように見えました。

ネットでは、あちこちで儲け話が飛び交っていますが、ウソも多いです。信用していいものと、信用してはいけないものを区別するためには、それなりに訓練が必要です。考えてみてください。ウソでも「100億円儲かっている!」と言うのはタダです。

人が儲かっている話を聞いても、自分の財布の中身が増えるわけでもなく、信憑性がなければ、聞き流して、忘れてしまったほうがいいのかもしれません。

なぜTwitterで何万人にフォローされていても、1万人以上フォローしている人はカッコ悪い人なのか?

僕はTwitterで1万人をフォローしている人はカッコ悪いと思っています。フォロワーが何万人いても、1万人以上フォローしている人はカッコ悪い人です。

たとえば、影響力がある人のケースを見てみましょう。だいたい、フォロワーが1万人以上もいますが、フォローしている人は1000人もいないケースがほとんどです。

反対に、フォローもフォロワーも1万人を超えている人のケースを見てみましょう。「これからはソーシャルだ!」「Facebookは6億人! キャズムを超えましたよ!」「ファンページ(今はFacebookページと呼ぶ)を作らないと御社も乗り遅れますよ!」などと言っている人たちに、このパターンが多いです。

次のページで比較してみてください。

フォロワー7万人のパワーコンサルタントのブログで、彼の自己紹介を見てみましょう。「ソーシャルメディアマーケティングコンサル」で「パワーツイート」だそうです。こ

◉自らがフォローしていることは少ない影響力のある人たち

＊2011年2月

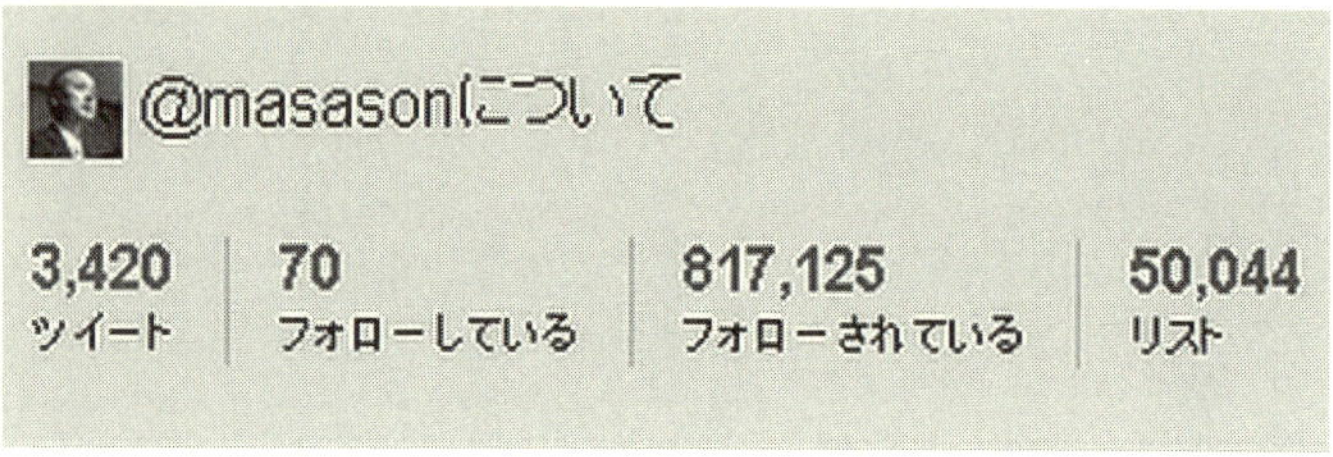

@masasonについて

3,420	70	817,125	50,044
ツイート	フォローしている	フォローされている	リスト

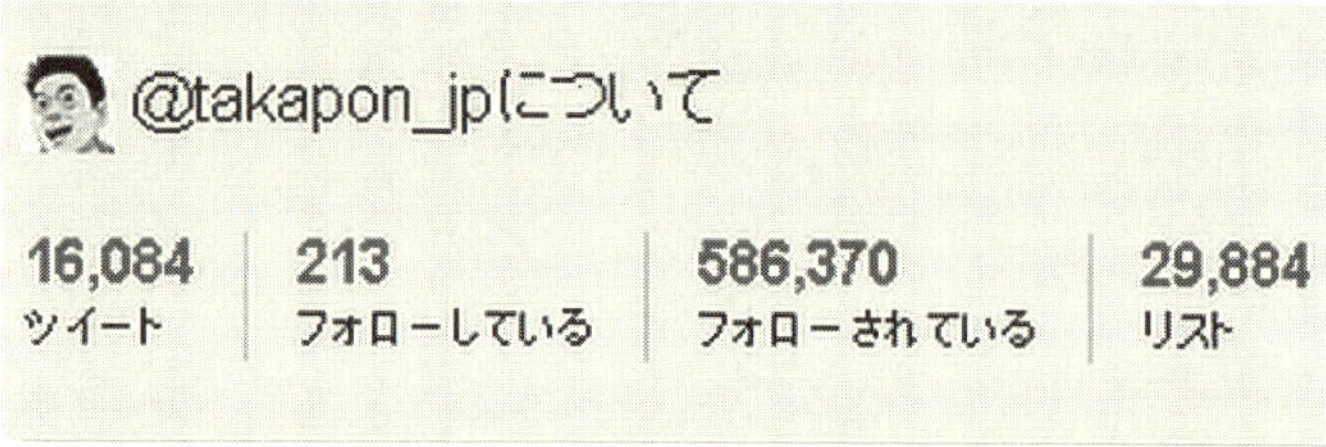

@takapon_jpについて

16,084	213	586,370	29,884
ツイート	フォローしている	フォローされている	リスト

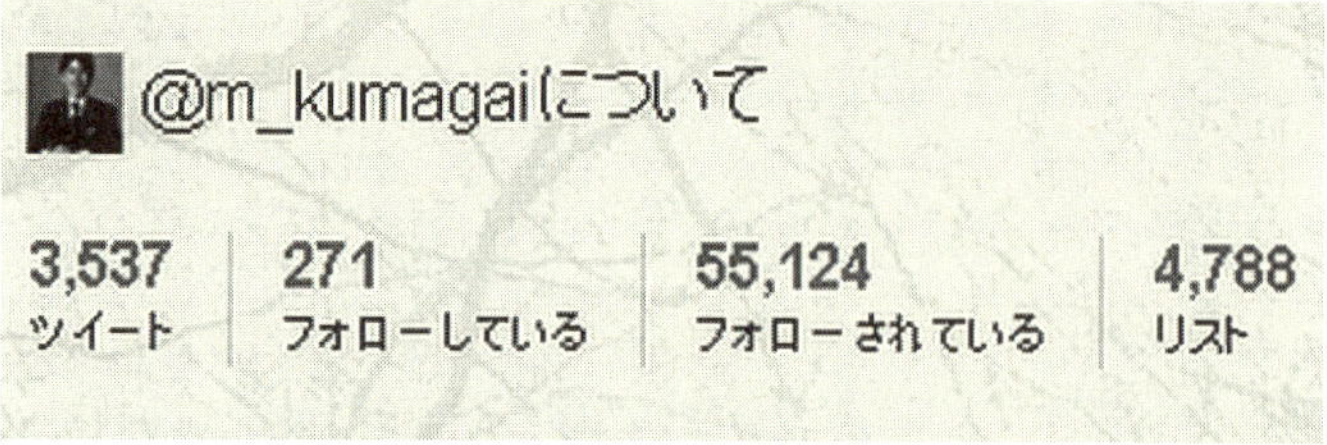

@m_kumagaiについて

3,537	271	55,124	4,788
ツイート	フォローしている	フォローされている	リスト

◉フォローもフォロワーも多い某パワーコンサルタント

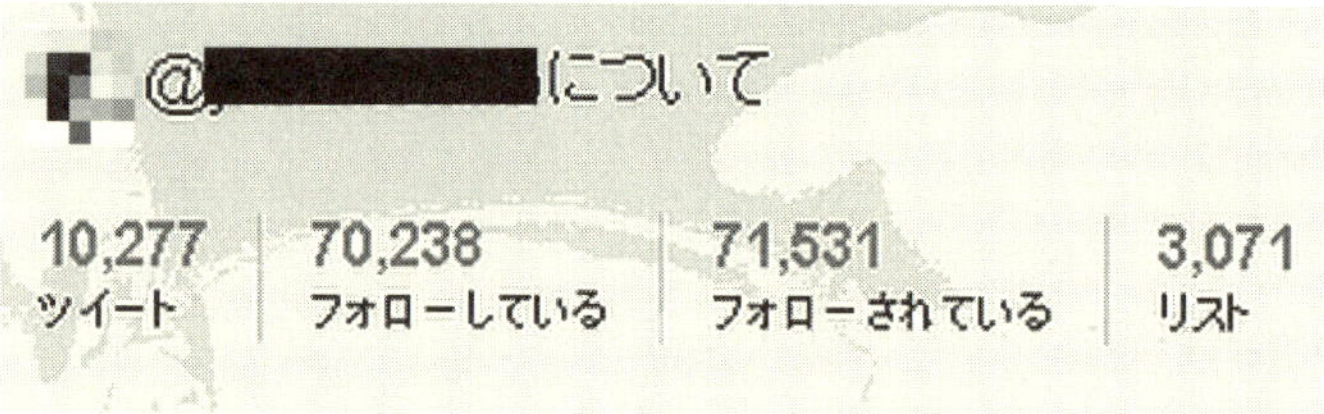

@███████について

10,277	70,238	71,531	3,071
ツイート	フォローしている	フォローされている	リスト

◉卵アイコンばかりが並ぶのはなぜ？

ういうパターンは、自動フォロープログラムを使ったか、人力で、大変がんばって無差別フォローしたか、あるいは偽アカウントで増やしたか、この3つのいずれかだと思われます。どういった類いの7万人がこの方をフォローしているのか見てみましょう。

ご覧の通り卵アイコンばかりです。Twitterのデフォルトアイコンです。誰も1ツイートもしていないのは言うまでもありません。明らかに偽アカウントを大量に作って増やしたケースのように思います。

Lady Gagaさんも同様の手口を使っていることでネットでは話題になりました。Lady Gagaさんの公式ツィッターアカウントのフォロワーをクリックしてみると、卵アイコンのユーザーが非常に多いです。しかも、彼女をフォローしているユーザーを見ると、つぶやいたことがないユーザーが多いです。

◉Lady Gaga（上）とオバマ米大統領のTwitter

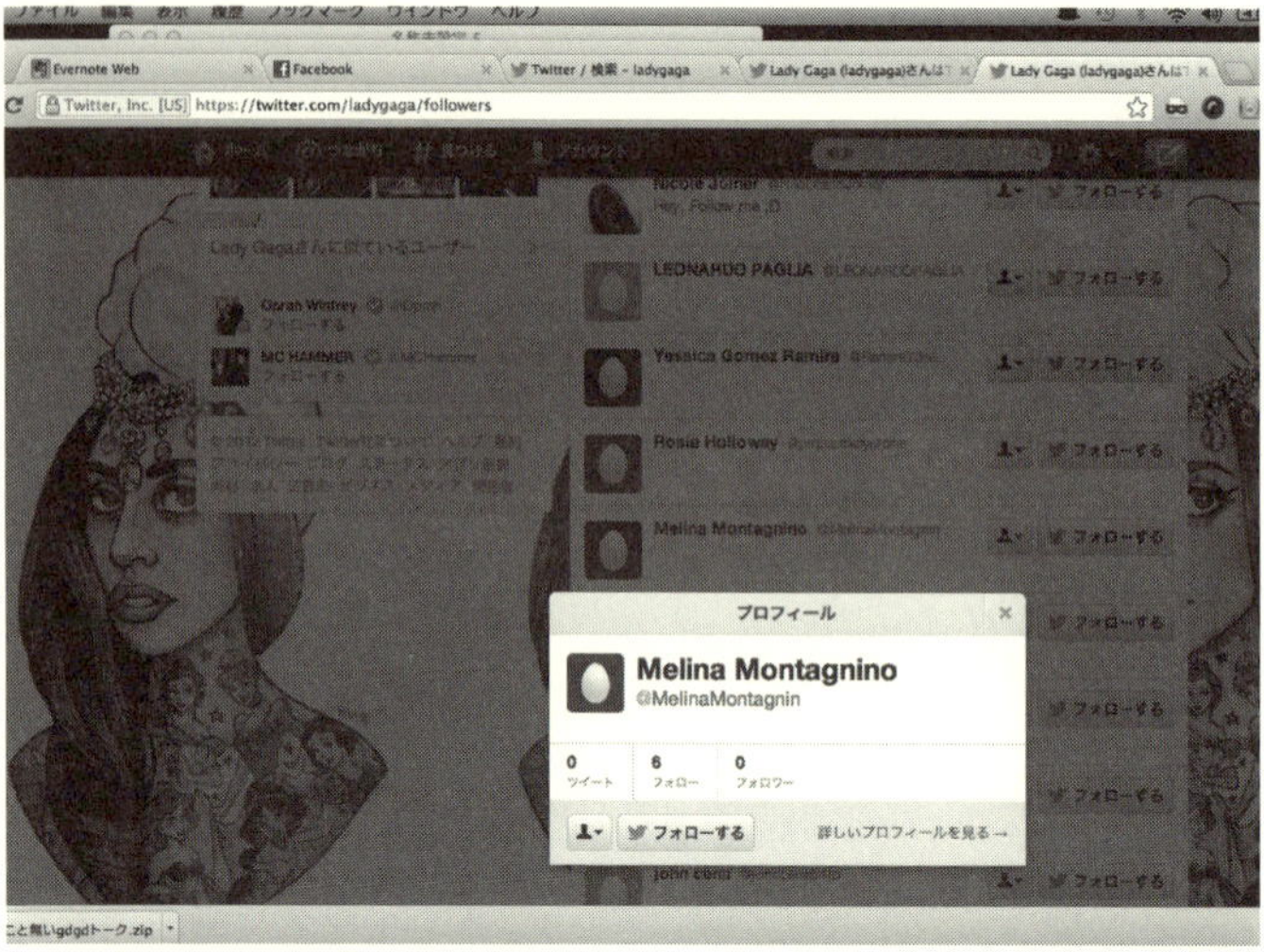

オバマ米大統領も同様の方法でフォロワーを増やしたことで有名です。オバマ大統領のフォロワーを見ると、Ｌａｄｙ Ｇａｇａと同様に卵アイコンですし、ツイートをほとんどしていないユーザーばかりです

フォロワー数で、信頼度ははかれない

たとえばこんな有料セミナーがあります。会費が、１万２０００円のセミナーです。１万２０００円あれば、中古のＰＳＰかＤＳが買えます。主催者のプロフィールには、「ＩＴの天才」とあります。Ｔｗｉｔｔｅｒを見るとフォロアーもフォローも３万人近くいます。

彼はどんな有益なツイートをしているのでしょうか？　見てみましょう。

ｉｄにｂｏｔと入っているのに、ご挨拶する「天才」に人のよさを感じます。内容も、セミナーの宣伝から、「トイレに行きたい」など、３万人近いフォロワーにふさわしい（？）ものです。

ここまで来ると、むしろ彼のセミナーを聞きに行きたい気持ちになります。

どんな方が彼にｒｅｐｌｙをしているのでしょうか？　Ｔｗｉｔｔｅｒ検索で見た限り、彼にｒｅｐｌｙをしているのは全員ｂｏｔでした。変態紳士ｂｏｔや春日ｂｏｔや含蓄王ｂｏｔなど、い

◉Facebookでは、高額セミナーの勧誘も多く見かける

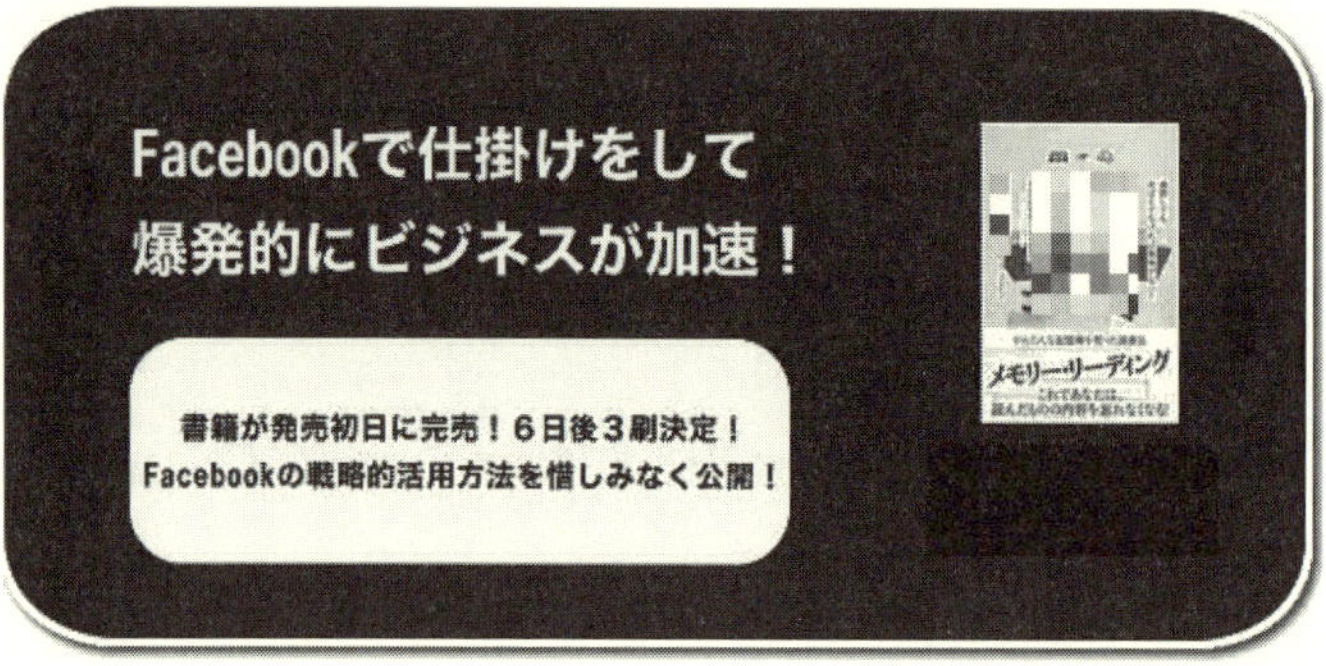
Facebookで仕掛けをして
爆発的にビジネスが加速！
書籍が発売初日に完売！６日後３刷決定！
Facebookの戦略的活用方法を惜しみなく公開！
メモリー・リーディング

ろいろなｂｏｔに愛されていました。

彼をフォローしている方も見てみましょう。どういった方が、このツイートを見ておられるのでしょうか？ 興味深い事象が出そうです。

ツイートは日本語なのに非常に国際的です。スパムアカウントも多いです。いちばん下にハングルとかも見えています。さっきの卵アイコンの嵐よりマシですが。やはり、日本のソーシャルコンサルタントだけあって、世界から注目されているのかもしれません。

こういう人のフォロワーの中盤のほうを見ると異常に国際的だったり、どう考えてもこの方にご興味を持たれない方が多いという特徴が見えます。

そもそも１０００人以上のフォローをすると、タイム

ラインがわけがわからなくなり、Twitterとして機能しません。つまり、1万人以上フォローする人には、何か別の理由があるためです。フォロワーのリストを作って分ければいいのですが、どちらにしても、不必要な情報が多すぎて煩雑です。

先にも書きましたが、フォロワーは売っています。まったく有名ではないのにもかかわらず、フォロワーが多くいる人は、フォロワーを買っている可能性が大です。指定すれば日本人同士のみのフォローもあります。無料でフォロワーを手に入れられる有名サイトもあれば、知り合いのプログラマに作ってもらうのも可能です。

こういう安くて大量のフォロープランは、**申し込んだ人同士を自動プログラムでフォローし合っているのみです**。サイトの運営者はノーリスクです。ですから、フォローもフォロワーも1万人超えてしまう上に、国際色豊かなフォロワーになったりします。キャズムどころではないです。

一方、高いほうのプランに申し込むとフォローのみしてくれます。有名ではない上につまらないのにフォロワーがいっぱいいて、フォローしている人が少ないのは金持ちでこのプランに

◉フォロワーの質も金額しだい

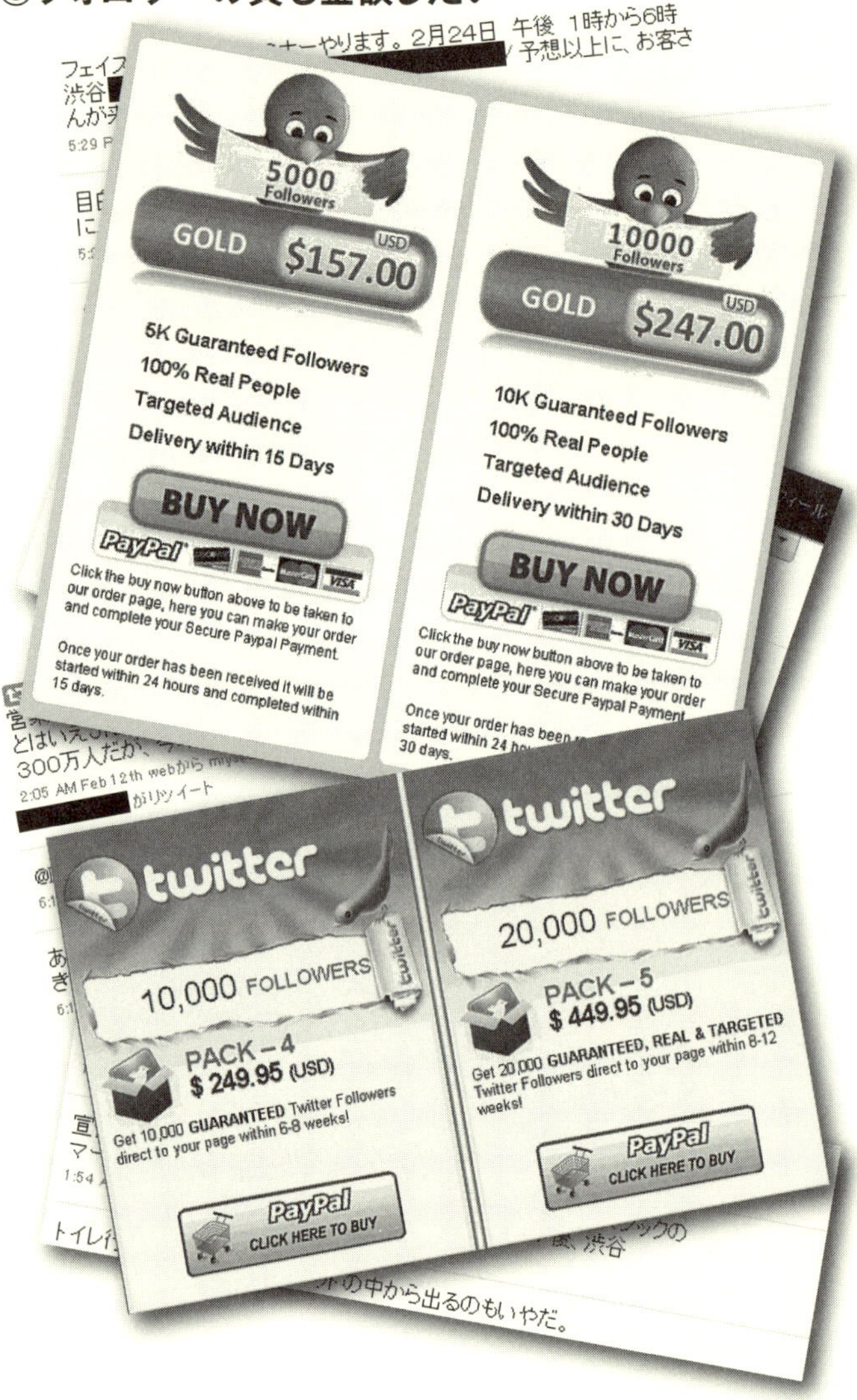

申し込んだか、自分で実装したかどちらかです。もしも、あなたが、ソーシャルコンサルタントになりたければ、先のサイトを知っていればなれるように思います。

「フォロワー数が増えない」「Facebookの『いいね！』が増えない」などと困っているクライアントは、多数あります。それぞれのクライアントに何十万円か何百万円をもらって、フォロワー購入サイトに申し込み、爆発的にフォロワーやフレンドを増やせば、クライアントは満足します。「エラい人」は数字しか見ません。

僕は、ソーシャルマーケティングはきわめて効果的な世界だと思っています。しかし、専門家も少ないし、専門知識がなくても何でも言えてしまう世界です。確かな検証もせずに適当な右上がりグラフをコピペして、ウソのフォロワーをいっぱいつけて、「ワタシ、フォロワーイッパイ、ダカラ、ユウメイ、グラフハ右肩アガリ、ソーシャル、スゴイスゴイ。アナタ、ワタシニ、カネハラウ、アナタ、オキャクサン、イッパイクル。コンサル、ウソツカナイ」と言う人たちがいっぱい出てきました。

結論から言うと、何万人にフォローされようとも、1万人以上をフォローしている人は六本木に飲みに行く前に一万円札を何枚か千円札に両替して、財布を分厚く見せている人とレベルが変わらないのです。

ヤラセと飲食店口コミサイトと地方経済

2012年1月ごろ、飲食店口コミサイトの書き込みや評価が「ヤラセ」であると評判になりました。

たとえばです。たとえばの話です。東京・代官山の超オシャレなカフェがどこかの広告代理店にヤラセを依頼したとします。

代理店は、そのカフェの特徴とアピールポイントを箇条書きにして、写真数枚を添付して、メールします。そのメールはどこに行くのでしょうか？

東京から離れること1000キロ、地方のとある養豚場です。豚舎の周りは畑ばかりです。そこには53歳の主婦がいました。養豚農家に嫁いで、もう30年。今日も今日とて、朝から豚の世話をしていました。豚の除糞作業が終わったころ、家の中から声が聞こえました。

「おっかあ、ちょう、パソコンから、なんぞ音鳴っちょるよー」

「あー、えれー、東京から仕事来よるなぁ」

彼女は、作業服から着替え、ゴム手袋をはずして、家に入るや否や、パソコンに向かいます。

案の定、メールが届いていました。クリックして、メールを開きます。

主婦は老眼気味で最近、文字が読みにくくなってきました。短い箇条書きの文章と、数枚の写真が添付されています。

数秒間目を閉じて、何か文章を推敲《すいこう》し、目を見開くと、彼女はきわめて速いスピードで文章を打ち込み始めました。東京から1000キロ離れた大自然の空の下、53歳の主婦の手によって、彼女が一度も、行ったことも、見たことも、口にしたこともない、「オシャレ」で「スイーツ」なレビューが量産されます。

ドルチェをいただきにきました～ルンルン♪

すっごい人気店さんですもんねー

もう、毎週来てます♪

私のいちばんのお気に入りのお店です。

価格はカモミールティーとドルチェのセットで1200円。
これってとっても、リーズナブルですよー。
ここのカモミールティー、とっても、香りがステキなんです。
これだけで、ホント癒されます。

ここのお店の店員さんはイケメンばかりで、優しさと気遣いにあふれています。

私は、代官山でインテリアデザイナーをしていますが、
アイデアに煮詰まると、いつもここでリフレッシュしています。
このお店は、インテリアのセンスも、すばらしくて
テーブルや什器の置き方一つ見ても、インスピレーションがどんどんわいてきます。

彼女が書いたレビューは、はるか1000キロ先の「東京のスイーツ大好き女子」たちの目にとまります。東京のスイーツ大好き女子たちは、代理店が撮ったスイーツの写真を見て、「か

わいい！　おいしそう！」を連呼します。

「毎週来てます♪」じゃないよ！と、つっこみたくもなります。こういう「一度も行ったことも、見たこともないお店のレビューを地方の副業ライターが書いている」のが、ヤラセレビューの一面です。

うまい、まずいは、個人的な事象

最初、こういった現実を知ったときに、僕は怒りました。しかし、いろいろ調査するうちに、これはこれで正しいと思うようになりました。

一つには、本格的にヤラセをやっている店は、なんだかんだで、そこそこ以上においしいためです。特に代理店を経由しての「ヤラセ依頼店」は、そんなに事実とかけ離れたことも書けません。最近では、あまりに事実とかけ離れたレビューを多く書くと炎上することもあります。非常に厳しい飲食業界で、ヤラセにお金を投資できるお店はやはり、それなりに儲かっていて、資金的体力があるからです。僕も、ヤラセ調査でいくつか、ヤラセの疑いがある評価の高いお店に行ってみたのですがなんだかんだで、おいしかったです。

飲食店口コミサイトは、いろいろと技術的な施策がされており、アカウントを多く作り、自作自演で多く書き込んだくらいでは評価が上がらなくなっています。本気で恣意的に評価を上げるためには、専門の業者に頼まないといけません。しかし、そんなお金があるお店のほとんどは、ある程度の固定客がついている場合も多く、そんなにまずくはないと思います。

たとえば、「食べログ」では「黒い星5つ」が多くついている店は、明らかに食べログの評価対象外になっています。過去に評価をしたことがない評価者の評価は、認められなくもなっています。さらに最近は、携帯電話番号による、本人認証も任意で行っています。さまざまな試作により、僕は信憑性が高くなったと思っています。

ネットのレビューサイトの評価の信憑性が議論されます。そもそも、食べ物のうまいまずいは、最終的には、個人の状態や気分にも大きく左右されます。僕的には「3日ぐらいご飯を食べなかったあとのボンカレー」がいちばんおいしいと思っています。

量産されるトップランナー

ネットの世界では、意外と多くの「1位」が存在します。そして、残念ながら、多くの人が、その言葉に踊らされます。

たとえば、「楽天で1位」というのは、頻繁に変わります。デイリーランキングは毎日、ウィークリーランキングは1週間で変わります。さらにリアルタイムランキングは本当にリアルタイムで変わるために、深夜にがんばれば誰でも簡単に1位を取れます。カテゴリー別デイリーランキングというものがあります。しかし、楽天の「中《ちゅう》カテゴリー」は300種類以上あります。つまり、**300種類×365日=10万9500**で、**1年にデイリーカテゴリー別ランキングで「楽天で1位!」を取った商品は最大で約11万個ある、ということになります。**

「Amazonで1位」の本も多くあります。しかし、このAmazonのランキングも1日に何度も更新されます。ランキングの種類にもよりますが、1時間に一度の更新です。つまり、「10

月21日の午前3時から午前4時くらいまで1位でした！」という本もある理屈です。今回、この本のAmazon予約を掲載中のブログでお願いしました。ありがたいことに1日で数百冊程度の予約を受け、Amazonでビジネス書4位を取りました。「Amazonビジネス書4位！」と聞くと何万部も売れたイメージがありますが、実際はたったの数百冊です。短時間で集中的に売れると、意外と上位が取れることがわかりました。

4位を取った次の日のランキングは、奈落の底に落ちました。

踊らされず活用すべき「1位」のカラクリ

iPhoneアプリを作るベンチャー企業が百花繚乱です。彼らから「iPhoneのナントカランキングで1位を取りました！」という話を、よく聞かされます。しかし、iPhoneのアプリカテゴリーは23個あります。さらに、iPhoneのランキングは僕が知る限り1日に8回くらい変わります。その結果、**1年で365日×8回×23＝67160個の「1位」が量産されます。**1年間に「1位」を取った人が最大7万人近く出る理屈です。7万人というと、僕の生まれた町の人口より多いです。

iPhoneが出始めのとき、こんなビジネスがありました。

舞台はiPhoneアプリの作り方を教える学校です。授業料を納めた生徒たちは、短期間でiPhoneアプリの作り方の初歩を教えてもらえます。プログラミングを覚えたばかりの生徒がアプリを作ったら、学校は一斉に全校生徒と卒業生でダウンロード依頼のメールを出します。うまくいけば、ランキングの上位が取れます。ごくまれに、プログラミングを覚えたばかりの人がいきなり1位を取る珍現象が起こったりもします。その学校は「ウチの学校の生徒が作ったアプリが1位を取った！」と喜び勇んで宣伝をします。ただし、そんなアプリの人気は長続きしませんし、多くの場合は、アプリ開発者が儲からないのは、言うまでもありません。

ネットの世界の1位は量産されます。多くの「1位」が出るカラクリに、けしからんと言われるかもしれません。しかし、僕はいいことだと思います。ランキングが何度も更新され、トップランナーが量産されます。そのため、小さな会社でもチャンスは与えられます。大事なことは、量産される情報に踊らされないことだと思います。

ネットは災害に強い！と勘違いしている人は「ワンセグ」と「ラジオ」の強さを知ったほうがいい

東日本大震災以前から、よく耳にした「ネットが災害に強い！」は、勘違いです。東京直下型地震が来る前に、準備しておきたいのが、ワンセグとラジオです。

ワンセグは、地震直後でもバリバリ動いていました。僕も地震直後は、しばらく携帯電話のワンセグで情報収集をしていました。被災地でもワンセグ機能は生きていたようです。画面下部のブラウザはデータ放送のため、ネットインフラが機能していなくても、機能しています。ただ、電池の耐久時間が最悪です。電波のつながりが弱いです。

その点、ラジオは最強です。ワンセグは電波が弱いところも多いのですが、ラジオは比較的つながります。980円ラジオでも単三電池で何日も使えます。

海外製Androidでは普通のFMラジオが内蔵されているものも多く、今回の震災ではかなり使いました。Twitterで各個人の安否を確かめて、全体情報はワンセグ、ラジオで集めていました。被災地でも最強の情報源はテレビ&ラジオという声が多いようです。理由は何でしょう。次のページで表にしてみました。

僕は、地震後すぐに「ケータイ版避難所サイト」のまとめを作りました。地震直後に東北各都道府県のサイトが接続できなくなり、各県庁のホームページがつながらなくなったためです。各県庁のホームページに避難所の場所が記されていたのですが、地震の影響でホームページそのものが見られなくなってしまいました。これでは、誰も避難所の場所がわかりません。そこで、Googleのサーバーに残っていた過去の履歴（キャッシュ）を探し出して、各県庁のホームページが壊れる直前のデータを復旧させ、さらに一般的な携帯電話でも見られるように改良しました。

しかし、地震直後、被災地では各社ケータイとネットのインフラそのものが機能していたために、宮城県の気仙沼など被害が大きいところからのアクセスはほとんどありませんでした。

反対に被災地から少し離れたところからのアクセスが多かったです。結局、被災地ではテレ

◉放送とネット、利便性の違い

	アクセス耐性	情報発信	検索性	信憑性
放送	◎	×	×	○
ネット	××	○	◎	△

ビ・ラジオが情報源になった人が多かったようです。

ネットインフラは貧弱です。そのため、被災地ではTwitterどころではありません。東京電力が計画停電を発表した直後、東京電力のサーバーも陥落しました。

きわめて大事な情報を求めても、瞬時にサイトが見られなくなりました。復活まで1日ちょっとかかったと思います。結局、僕は情報をテレビで調べました。東京電力でもその程度のサーバーです。

放送電波は何億人が同時に見ても陥落しない

同様のことは、平常時でも起こり得ます。同時に数十万人が動画サイトを見たらもう見られない、ということは往々にしてあります。しかしながら、テレビやラジオは1億2000万人が同時に見ても陥落はしません。東京スカイツリーなど全国各地の電波塔が機能している限り、何億人でも同時に閲覧できます。それが放送電波です。

同人誌即売会やコンサートなどの、イベント会場でケータイがつながらないことがあります。ワンセグであるならば、電波が届けば何億人が同時に見ても大丈夫です。

渋谷駅周辺ではアンテナが3本も4本もありながら、一部のキャリアのスマートフォンがつながらないことが多いです。所詮、ケータイです。アクセス権は早い者勝ちです。一方、ラジオは田舎のミニFM局レベルでも電波が届けば1億人でも受信できます。**ミニFM局の電波の範囲内に1億人もが物理的に入れるかどうかは、わからないですが。**

インターネットやモバイルは、災害時どころか平常時でさえ、そんな精度の通信技術です。**ネットやケータイは使う人が増えたら、使えません。サーバーとインフラとコストの許容範囲のユーザーしかさばけないためです。**放送技術は電波が届けば何兆人でも情報を取得できます。

ネットは最終的にはケーブルで伝送します。地震でケーブルがちぎれたら、終わりの場合もあります。今回の震災ではＫＤＤＩのケーブルが断絶しました。放送はどこまでいっても電波です。電波は空を飛んでます。地震は関係ありません。

このように、ネットの通信技術は基本的にベストエフォートです。ベストエフォートとは、「つながったら、がんばるよ」という意味です。「やる気があればがんばります的」なテクノロジーです。それを災害時に頼りにするのは厳しいです。むしろ、頼りにするのは間抜けな行為です。

今回の震災では、デマもいっぱい出回りました。多くの有名人がうっかりＴｗｉｔｔｅｒで拡散するくらいの信憑性があるデマです。デマの多くは、ソースがネットです。テレビから出たデマはほぼなかったと思います。

ネットにおける情報の受発信能力や検索はすさまじく強力で、有用です。僕もその恩恵を、きわめて受けています。しかしながら、ネットの技術が、かなり不安定な逆ピラミッドの上で動いていることは理解すべきです。ネットは原子力と同様、依存しすぎると大変なことになります。

もし、東京直下型地震が起きて、東京のネットインフラが機能しなくなったとき、「ネット最強！　スマホ最強！　EvernoteにTwitterでFacebookでソーシャルでキャズムでライフハックだー！　ガラケー厨乙！」などと言っている人は、情報難民になるかもしれません。

災害に備えて、ワンセグ機器と、スマホと、ラジオを持っているのが、正しいと思います。

3日で280万円集めたソーシャル募金

人様からお金を集めて寄付をするという行為は様々な意味で自分自身を成長させると思います。僕が、初めて募金活動をしたのは、東日本大震災のときです。多くのネット企業が義捐金を集めましたが、その寄付金の送付先が日本赤十字社でした。何やら疑問に思いました。赤十字のように多くの人員と設備がある組織に、どれだけ間接費用がかかるのだろうと疑問をもったためです。さらに、赤十字は決算公告をネットで公開していません。言うまでもなく、赤十字の活動はすばらしいです。赤十字がないと困る地域や人々も多いです。しかし、「被災地にお金を届けるだけ」なら、ネットでみんなから集めて、直接、自治体に振り込めば数百円の手数料で済むと思いました。

さりとて、百花繚乱の義捐金業界で僕のような無名な個人が集めても、誰からもお金は集まりません。そこで、2011年3月28日に**チャリティーフォローという活動を始めました。**

僕を経由して5000円を寄付すると、全額を被災地の自治体に持っていく上に、Twitterのフォロワーを1000人プレゼントしますというキャンペーンをITmediaのブログ上で始めました。もちろん、1000人のフォロワーはダミーで作ったユーザーです。**ネットでの評判は「怪しすぎる」「すごい！」「なんだこれは！」など、賛否両論でした。**しかし、3〜4日で68名、34万円程度が集まりました。僕も8000円ほど募金して、宮城県庁に直接、持っていきました。僕は、「うまくいった、めでたしめでたし……」と思っていました。

Twitterとの不毛な争い

僕は、5000円を寄付していただいた方々にダミーフォロワーをプレゼントするため、Twitterのダミーユーザーを作成し、フォローするプログラムを走らせました。うまくいきました。数十人しかフォローされていない方々のフォロワーがいきなり、数百人ペースで増えていくのを見て「よかった、よかった」と思っていました。

しかし、数日たつと、**大変な勢いで、その方々のフォロワーが減っていきました。**疑問に思って調べてみると、作成したダミーユーザーがどんどん消されているのです。僕は、ダミーユーザーを作成するプログラムをもう一度走らせました。今度は、作ったその日のうちに消されていきました。だんだん、アカウントが消される速度が上がっていきます。

僕が日本でアカウントを作る速度と、アメリカでTwitterがアカウントを消す速度の戦いになりました。しかし、限度がありました。

僕は速度を上げるために、アメリカのサーバーを契約してプログラムを走らせました。日本からプログラムを走らせて、太平洋を越えてTwitterにアクセスするより、アメリカのサーバーからTwitterにアクセスしたほうがずっと早いからです。アカウント作成速度は一気に上昇しました。しかし、それでも、だんだん、作成する速度が消される速度に負けてきました。

しばらく、そんな不毛な戦いを繰り返していました。純然たる不毛です。ついには、**僕自身のTwitterアカウントを凍結されてしまいました。**アカウントの凍結とは、ログインできなくするというペナルティのことです。ついでに、なぜか、**僕のオカンのアカウントまで凍結されてしまいました。**

「なんかな、Ｔｗｉｔｔｅｒつながらんねや。なんでなんやろ……」とオカンから、電話がかかってきたときは、背筋が冷たくなりました。おそらく、僕のＰＣでアカウントを作った上に、オカンは、ほとんどつぶやかないため、ダミーユーザーと勘違いされたようです。

僕は、友だちを経由して、日本のＴｗｉｔｔｅｒの運用管理会社に凍結を解いてもらうようにお願いしました。伝えられたところでは、どうも彼らは何もしていないということでした。つまり、ＴｗｉｔｔｅｒのアメリカＡ本社から直接凍結されているようでした。僕にとって、Ｔｗｉｔｔｅｒはすでに宣伝手段の生命線です。そのため僕は、白旗を上げざるを得ませんでした。

僕は、すでに宮城県に全額を寄付していたため、全額自腹で手数料５００円をつけて、寄付してくれた人に１人５５００円ずつ返金させていただきたい旨をＩＴｍｅｄｉａのブログ上で発表しました。全部自腹のため30万円程度の出費ですが、背に腹は替えられません。その後、Ｔｗｉｔｔｅｒに正式にアカウント凍結解除のお願いをしたら、数日で解除されました。

世間の反響はさまざまでした。「面白かったけど、やったことスパムだしね」という声のほか、「やり方はまずかったもしれないが、志はよし！」「けどいい話だ、気分が明るくなった！」など、幸運にも好意的なご意見が多く励みとなりました。

やはり、よくないことはするべきじゃないな、と思いました。

タイ洪水募金の募金活動

そして数ヶ月後、２０１１年7月末ごろから、**タイで何度も洪水が発生しました。**洪水は長期化し、２０１１年10月ごろには、首都バンコクまで洪水の被害にあいました。僕は、タイの王宮周辺が水に浸かっている映像を見て、ひどくショックを受けました。しかし、ニュースの論調は非常に冷たく感じられるものでした。

タイにも僕たちと同じように、人が生き、暮らしているのは言うまでもありません。モノを食べて、恋をして、結婚して、働いて、子どもを産み、年を取り、そして、死んでいきます。

しかし、**マスコミの報道は、タイが日本メーカーの工場のためにある国のような内容ばかりで悲しくなりました。**「日本の工場が被害にあって……」「＊＊社のタイ工場の生産がストップし……」「日本人従業員は無事です」。テレビでは、ほとんど義捐金の募集も行われていないようです。タイの大使館のホームページを見ると、**義捐金の募集は行っていましたが、郵送による現金書留でした。**これでは集められないと思いました。

僕は、わずかでもいいから、募金を集めようと決心しました。2011年10月18日、TwitterやブログにタイへのN義援金を集めたいため銀行振り込みかPayPalで僕に送金してくださいと書きました。今回は前回の失敗を教訓に、チャリティーフォローなどはやめて、一般的な義捐金としました。最低募金額は3000円にしました。

残念ながら、タイという国に、皆さんがそれほどの興味は持っていないだろうと予想していた僕は、義援金が10万円程度しか集まらないだろうと思っていました。

しかし、**1日100万円程度のペースで募金されてました。**1人で10万円や5万円を募金される方も多かったです。驚きました。**見返りがないほうが、募金が多いというのは、非常に不思議な気分でした。**

最終的に、僕の寄付金約5万円を入れて、**406名の方から280万円という大金が3日で集まりました。**皆さんの気持ちを大事にしたかった僕は、直接大使館に義援金を持っていくことにしました。僕は銀行で280万円の現金をおろして、地下鉄九段下駅近くのタイ大使館に向かいました。最初、大使館の受付は冷たかったです。

僕「すいませーん、義援金を持ってきました」

受付「入リ口ニ募金箱アリマスカラ、ソコニ、入レテクダサイ」

僕は**280万円の札束**を見せて、言いました。

僕「すいません…これ、募金箱の穴にちょっと入らないんで……。あと、領収証も欲しいのでご対応願えませんか?」

受付の人の顔が一瞬凍りつきました。僕はタイ大使館の中に通されました。そこで責任者の方に、皆さんからお預かりした義捐金を手渡しました。

つくば市竜巻募金

2012年5月6日に、茨城県を中心に大規模な竜巻が発生し甚大な被害を与えました。数日たつとマスコミはまったく報道しなくなりました。

僕の本音を言えば、もう募金活動はしつこいような気もして、やめようかと思っていました。しかし、**Twitterでは地元の方々から、潰された家や、穴が開いた家や、倒れた電柱などの写真が続々とアップされていました。**ローンを抱えている人はどうするのだろう？

茨城県は震災でも被害を受けたばかりです。非常に悲しい気持ちになりました。それでも、テレビはのんきに芸能人のスキャンダルなどを報道していました。腹が立ったため、**2012年5月13日につくば市への義捐金を集めることを決心し**、ブログとTwitterで告知を行いました。そして、最低募金額は1000円にしました。

本当に有難いことに、**結果的に300名から約130万円が集まりました。**最低募金額を3分の1にしたところ、集まる金額も3分の1くらいになりました。

皆さんの気持ちをできる限り直接届けたかったために、**つくば市役所の会計課に持参しました。**秋葉原から、つくばエクスプレスに揺られて、つくば市役所に向かいました。つくば市役所は竜巻の被害に遭っていないため、きれいなままでした。

きれいなつくば市役所の中を徘徊《はいかい》していると、会計課がありました。どうもそこで義捐金を受け付けているようでした。そこで市役所の中のATMで130万円をおろして、そのまま会計課の方に直接お渡ししました。

同課の責任者の方にお話をうかがうことができました。今回の竜巻については、義捐金は給付されますが、自宅の再建などの費用は私財でまかなってもらう方向のようです。そのため、「私財がある人は再建が進んでいるが、そうでない人は、何もできていない」という状態でした。今のところ、ダブルローンなどの対策はないようです。震災のときは免税などで対策はされたそうですが、今回の具体的対策案はまだみたいでした。

さらにタクシーに揺られて、被害のあった北条地区に向かいました。穴の開いた家や、ブルーシートで覆われて修復中の家が多くあり、竜巻の被害の跡が生々しかったです。しかし、タクシーの運転手のおじさんは、自分の家が被害に遭っていないためか、まったく他人ごとのような話しぶりでした。

「前の地震もそうだけど、災害があると、保険屋とかマスコミなどが沢山来るからタクシーはおいしいよ。特にNHKやフジテレビは、取材で遅くなると東京まで乗って帰るんだよ。その場合、3万円ぐらい上がりがあってかなりおいしくてねー。地震のときは、毎日、上がりが7万円あったよ」

経済の動きは地元のタクシーがいちばんよく知っているというのは、本当なんだなと実感しました。

なぜFacebookのソーシャルゲームは儲からないか？

世界最大のソーシャルネットワークはFacebookです。**しかし、Facebookのソーシャルゲームは、まったく儲かっていません。**Zyngaは世界最大のソーシャルゲーム会社でFacebookにゲームを提供しています。**彼らのゲームのユーザー数は3億人以上**です。しかし、Zyngaも赤字です。なぜでしょうか？

理由は、いくつかあります。課金システムが煩雑だったり、Facebookが昔ほどゲームを誘導してくれなかったりなど、さまざまです。中でも最も間が抜けていると思った原因は、**そもそもお金を払えない国の多くの方々がソーシャルゲームで遊んでいたというものです。**

Facebookのソーシャルゲームは、基本的にクレジットカードで支払います。Facebookを使っている人は、世界で数限りなくいますが、ゲームのアイテムに5ドルを出すくらいなら、何日分かの食料品を買えると考える人も多いでしょう。そもそも、クレジットカードを持っていなかったり、または、持っていても海外で決済できないカードというケースもあります。

世界は先進国ばかりではないという事実

インターネット業界にいるとサーバー代は悩みの種です。3億人もアクティブユーザーがいると、何十億円のサーバー代と人件費と運用費用がかかるのか想像できません。ソーシャルゲームは無料で遊ぶユーザーの費用を有料ユーザーがまかなう仕組みになっています。しかし、ほとんどのFacebookソーシャルゲームでは課金ユーザー率は1％も超えません。日本では、ゲームによって課金ユーザー率が10％以上のものも珍しくありません。Zyngaのゲームは99％以上の無料のユーザーのために無料でがんばっている不毛なシステムです。儲かるわけがありません。

どうして、こういったことが起こったのでしょうか？　実は、2008年ころは、アメリカのインターネットサービスの価値（＝時価総額）は「ユーザー数」で決まりました。そのため、ユーザーをどんどん増やせば、投資家がお金を多く投資してくれました。もともと、お金を支払う方法がないユーザーが多くいるのにもかかわらずです。

多くの人が「これからは、グローバルだ！」などと言います。しかし、残念ながら、世界は先進国ばかりではありません。月収が一万円以下の人も多くいます。お金を払ってくれない相手をも含めグローバルにインターネットサービスを展開するのは、時価総額という仮想の価値を上げるのには役に立ちますが、現実のお金がともなわなくなってしまいます。

アメリカ人が作った元祖ソーシャルゲームが、まったく儲からなくて、後発の日本人が作ったソーシャルゲームが儲かっているのは皮肉な結果です。今や、反対にアメリカのソーシャルゲーム会社を次々と買収しています。なんだか非常に複雑な状況だと思います。

第２章

動いているものを見せれば大人は納得する

「すでに革新的な商品を作った会社で働くこと」のつまらなさ

一度、革新的な製品を作った会社は、往々にして次の革新的なモノを作りにくい状況にあります。残念ながら、そのような会社や部署は、すでに複雑なしがらみだらけです。そのため、現場の社員は働くのがつらくなることがあります。

すでに革新的な商品を作った会社は、実は「モノを作る現場」として面白味がありません。むしろ、ゼロから何か生み出そうとがんばっている会社や部署のほうが6万5536倍面白いと思います。

商品大ヒットの裏側で、得られる「名誉」と失う「時間」

たとえば、あなたが手塩にかけた商品が大ヒットしたとします。

1年かけて、わずか5人程度のプロジェクトのメンバーでケンケンゴウゴウを繰り返し、ゴリゴリとコードを書き、仕事が終わっても、居酒屋で仲間たちとビール片手に仕様の話を熱く語り、思わずすごいアイデアを思いついて赤い顔をしたまま職場に戻ってコードを書き始めたりするような夜もあったり、なかったりです。

プロジェクトの危機を何度も何度も乗り越え、プロジェクト内外の人々に、助けられたり、助けたりする毎日を過ごすわけです。「動かねぇ」と机に突っ伏していたら、社内リリースの30分前に出張中のメンバーから「新幹線の中で修正した。動いた」とメールが来たりするわけです。ガチで男泣きです。

そんなふうな濃い開発生活を数年過ごしたとします。苦労が実り、商品が世に出て、最終的に何百万人のお客さまがお金を払うような商品になったとします。社内であなたの知名度や評価も急激に上がります。

その後、どうなるでしょう？　めでたしめでたしでしょうか？

まず、あなたはエンジニアとして社内で非常に有名になりました。そのため、きわめて関係のない案件の会議に出席する機会が増えます。ときには全然関係のないプロジェクトの定例会議に毎回出席するという拷問も待っています。プロジェクト1個につき1~2時間の無駄な会議に時間を浪費します。

日本の法定労働時間は1日8時間しかないのにもかかわらず、出なくてもいい2時間もの会議に人生を浪費しなければなりません。

ヒットしたのはよいが、自分の好きな開発する時間が阻害されていく……。そこには、ヒット商品を生み出した者にしかわからないジレンマが多く存在します。

もちろん、自分が作った商品の企画部や営業部などとの対応も増えますし、それ以上に、社内でもひときわ有名になった商品の場合は、お客様センターからの膨大な意見への対応も必要とされます。お客様センターからの意見は、多種多様です。中には、すでに解決済みの機能についての質問なども多く含まれており、疲労感に拍車をかけます。さらにはほかの部署の全然関係ない商品との連携などを提案されたり、その可能性を検討します。

特に社内政治上、「声が大きい人」が提案してくると非常にわずらわしいため、対応に時間を使います。ユーザーの利便性と社内政治を天秤にかける機会も増えます。ヒット商品になったため、残念ながら社内政治を優先せざるを得ない機会も増え、それがイノベーションを殺すこともしばしばです。

日本の法定労働時間は1日8時間しかないのにもかかわらず、どうでもいい意見にいちいち回答しなければなりません。

「その対応、必要ですか？」が降りかかる悲劇

別の部署からの、ご意見おうかがいメールも増えます。「コレコレのコレをアレしようと思うのですが、いかがでしょうか？」というような、ご意見おうかがいメールです。これが、かなりの量で増えます。「ググれ、カス」と返信したいのもやまやまですが、案外、社内でエラい人からのメールのため、適当に扱えません。文面を丁寧に丁寧に考えて書くと1時間くらいすぐ

にたちます。

日本の法定労働時間は1日8時間しかないのにもかかわらず、どうでもいいメールを「クソ丁寧」に書いて時間を浪費しなければなりません。

さらに、あなたが作った商品の後継機種なり、次期バージョンの話が出ます。往々にして、伝統的日本企業の場合、大ヒット商品の次期バージョンは、そんなに機能が増えていないにもかかわらず、なぜか爆発的にプロジェクトの人数が増えることがあります。最初のバージョンは5人くらいのプログラマーで作ったにも関わらず、次のバージョンはプログラマーが60人くらいいたりするケースもあったり、なかったりです。

そして、あなたの下に部下がつき、外部の協力会社がつくのは、言うまでもありません。部下は四半期ごとに、あなたが評価しないといけませんし、一人一人と面談をしなくてはいけません。残念ながらプログラマーの世界では、若い部下がメンタル的に疲れてしまうこともよくあります。彼らが「僕、プログラム書くとか向いてない」などと言い出します。僕も言いますが。

上司としてのあなたは、やはり部下が心配になります。そのため、部下とサシで2時間くらい、話をとうとうと聞いたりするわけです。

時間はすべての人に平等です。とはいえ、売れっ子になればなるほど自分で時間をコントロールできなくなってしまいます。

日本の法定労働時間は1日8時間しかないのにかかわらず、差し向かいで2時間くらい話をとうとうと聞いたりします。

ときには、そのまま飲みに行ったりもします。メンバーのメンタルケアは大事だと思っていますが、ときどき、優秀で優しい中堅リーダーエンジニアの時間を浪費することがあるのは否めません。

外部の協力会社との折衝の回数も、著しく増えます。「この計画じゃ無理」「もっと人を配置したいので予算をくれ」など、機材や開発ツールなどの技術的な話よりも、お金と時間の話が出てきます。

協力会社の「クソ営業トーク」に対して、そんなに期間も予算も必要ないのではと思ったりもしますが、ある程度は協力会社の要望を通さないと、こちらの要望通りに作ってくれないためて条件をのんだりもします。

そして、本当に必要かどうかもわからない予算の稟議書などを書き、もっともらしい理由をひねり出し、稟議書のスタンプラリーの旅に出掛けます。何時間もかけて……。

日本の法定労働時間は1日8時間しかないのにもかかわらず、本当はいらないんじゃないかと思う予算獲得に何時間も奔走しなければなりません。

革新的な新機能の提案があったとします。しかし、大ヒット商品ですし、社内で有名なプロダクトのため、口を出す人が無駄に増えます。ネットの世界と同様、口を出すのが好きな人が多いです。僕も人のことを言えませんが。「そんな文句を言う奴、1億人に1人しかいねーよ！」というような仮想のクレームに対しても、対応策を準備しておく必要があります。

日本の法定労働時間は1日8時間しかないのにもかかわらず、1億人に1人しかいないような仮想のクレームの相手をしなければなりません。

「かつての敏腕エンジニア」のため息

そんなこんなの濃いのか薄いのかわからない1年を過ごして、新バージョンの後継商品なり、サービスが出ます。新機能は20％くらいしか増えていないにもかかわらず、人も予算も著しくパワーアップしました。広告費や販売促進予算も然り、苦労も256倍くらいパワーアップしたのは言うまでもありません。

この1年、**日本の法定労働時間は1日8時間しかないのにもかかわらず、どうでもいい時間を何時間過ごしただろうとあなたは思います。**

そして、しばらくの間、あなたは毎年、その商品の後継機種を作るプロジェクトのリーダー格です。関わる人も毎年、雪だるま式に増えていきます。**人や予算は増えているのにもかかわ**

らず、商品の新機能が放つインパクトは毎年減っていきます。そう、今のAppleのようにです。
あなたは、いつの間にか、コードを書くよりも、うまいメールや稟議書を書くのが上達したり、予算の根回しスキルが身につきます。

このように、ハングリー精神があふれた初期のエンジニアが管理職になったり、出世して別の部署に異動したりします。しかし、会社としても、人気製品なので、後継機種を開発し続けざるを得ない状況になります。そして、なぜか後継機種はバージョンアップばかりになります。例えば、「解像度が上がった」「画素数が増えた」「液晶が大きくなった」などなどです。理由は、ゼロから新規商品を開発するより、ずっとリスクが少ないですし、社内の調整も楽です。大きな会社ほど、革新的な新製品を作るには、膨大な調整が必要です。さらに、金型や部品を使い回すとコストダウンもできるからです。定番商品になると、1~2年は金型や部品を使い回すことを前提で予算が組まれていたりします。そうなると、その間、革新的なバージョンアップが出にくい状況になることもあります。コストに対して非常に厳しい業界なので、そうならざるを得ません。

社内政治上の判断を加味して動けるようになったあなたが、具体的な「モノづくり」の話をする機会はどんどん減っていきます。一方で、だんだん現場のエンジニアたちが話す単語がよくわからなくなっていきます。

何十人もが出席するプロジェクトの全体会議の中で、あなたは思い出します。

「そうだよな、最初は5人で作っていて、居酒屋で思いついた機能を、次の日の朝にプロトを作ってたよな。稟議も予算も外部協力会社もなかったよな。仮想クレームも少なかったよな。連携の提案以前に社内で知ってる人もいないから、提案も文句も少なかったよな。社内政治に巻き込まれることも少なかったよな。そう言えば、最後にコードを書いたのはいつだったかな……」

今夜もExcelと格闘している、すべての「かつての敏腕エンジニア」に乾杯。

独立してからかかわると面倒な人リスト

このまま会社に勤めていても、明るい未来が見えないと思われる時代です。そのため、独立するエンジニアが増えてきました。よいことだと思っています。しかし独立すると、今まで所属していた技術畑とは別の世界の多くの人とも、関わらなくてはいけません。外の世界には、扱いにくい人も多くいます。

そこで、独立歴10億年の僕が、独断と偏見で、「面倒くさそうな人」の特徴を5つ挙げてみました。確信はまったくありません。思いついたままに書いてみます。

①「すごくよいアイデアが思いついたんですけど」とよく言う人

「すごくよいアイデアが思いついた！」「絶対ヒットするサービスを思いつきました！」。こういうセリフをよく言う人は、どういうわけか、だいたい「面倒くさそうな人」だと思います。僕のこれまでの経験上、面白くない奴に限って、自分のアイデアが面白いと確信しているようです。

そもそも、そういうことを言う人の企画はウンコ＝使い物にならない場合が多いです。さらに言うと、自分が出したアイデアについて、過去に類似のサービスがあるかないかをよく調べていない人が多いです。

「すごくよいWebサービスを思いつきました！　料理のレシピを集めたサイトを作ったら面白いと思うんですよ！」と言って、パワポで作った資料を本気で送ってきた人がいました。僕は、思わずウーロン茶を吹きそうになりました。クックパッドを、ご存じないのでしょうか？

……ええっと、頼むから、提案前に調べてください、ググってください。

僕は、自分のアイデアについて「面白い」や「すばらしい」などと、確信している人のことを、それほど信用しません。ダウンタウンの松本人志さんもおもしろくなくなってから、笑いのポリシーについて語り出したように思います。「オモロい」「オモロない」の判断をするのはユーザーであり、お客さまであると思っています。その判断を自分に委ねるようになったら、よくありません。

最終的にサービスのよさや価値を評価するのは、作り手の僕たちではなく、お金を払ってくださるお客さまです。むしろ、アイデアで重要なのは、損得関係も何もない、普通の人から何気なく聞いた一言だと思っています。

②出資比率とハンコが好きな人

自分が何をするか、何ができるか、どういうことで僕らの価値を上げてくれるのかがまったくわからないにもかかわらず、ハンコを押したり、出資比率をどうこう言うのが好きな人がいます。立ち上げ直後に先行投資をしたい気持ちは、僕自身も「お金がすべて」の気持ちになるときがあるため、大いに理解できます。

一緒にどういう仕事ができるのか、よくわからない人がいます。しかし、どういうわけか出資の話には、ひどく目の色が変わります。中身が決まっていないのにハンコのみを早く押してほしいみたいな話ばかりする人が多いです。

出資比率よりも、世に出せるサービスを作って、使ってもらえるお客さまにバリューを評価していただけるかどうかが大切です。定款の内容や、出資比率が大事なのは言うまでもありません。しかし、それらはお客さまから遠いところにあるため、起業のときには関心が薄いくらいがいいと思っています。

③大物起業家や「●●と太いパイプがあるねん」と強調してくる人

起業家セミナーなどで、大物起業家との関わりを強調する人がいます。僕が大阪で細々と仕事をしていた当時、起業セミナーによく出席していました。今でいうところの、スタートアップ系のイベントのようなものです。

話が面白い「だけ」の人、有名人とのつながりがある「だけ」の人。あなたの周りにも、そんな人が潜んでいるかもしれません。

そういった起業セミナーで、「三木谷はワシが育てた」という自称起業家支援家に、3人くらい会いました。今になってみると、そういう人たちは、それでご飯を食べているのだと理解しています。悲しい仕事だなと思います。

有名人との飲み会に行ったことを強調する人や、大物の名前を出して、「●●さんと、すっごい仲良しなんですよ」と言う人が多いです。

そういう人と飲みに行くと、すごく楽しく過ごせる場合が多い気がします。しかし、仕事で関わるときには慎重にならざるを得ません。

こういう人たちが所持する会社を信用調査会社で調べると、すごく「ショボい数字」がいっぱい出てきます。

④いかに難易度が高いか理由を考えるのがきわめて上手な人

自分たちで何かサービスを作り出そうとする自社サービスの開発には、仲間に入れないほうがよい人です。しかし、受託で仕事をもらったときには、こういう人はきわめて重要です。どんなにくだらないテクノロジーも、難度が著しく高度な技術のように説明してくれます。元S

Iの人に多いです。

こういう人は、受託案件の見積もりを作ったりするときに、すさまじく実力を発揮します。かつて、SI（システムインテグレーション）業界で受託バブルがあったときには、非常に重要な人だったと思っています。彼が「ないことないこと」を言い連ねるだけで、値段が膨れ上がる仕組みだったのでしょう。

しかし、自社サービスの開発には、本音をいえば、邪魔になる人が多いです。仕事の内容が変わったにもかかわらず、やり方を変えられない人も多く、一緒に仕事をするのは大変です。ただし、大手から受託したときは、「経済的な意味」で重要な人の場合が多々あります。

⑤しょっちゅうブログを書いていて、しかもブログが長い人

僕のように、よくブログを書き、なおかつそのブログの文章が長い人はだいたい「なんらかの意味で面倒くさい人」です。ブログの文章が長い人は、以下のタイプのどれかに当てはまり

ます。

・仕事はスマートだが、人として「面倒くさい」
・仕事で関わると「面倒くさい」が、人としては大変尊敬できる
・仕事で関わっても「面倒くさい」、人としても「面倒くさい」

概して、そういう人は自己承認欲求が強い人が多いです。そのため、人として、どこか「面倒くさい」のはやむを得ません。ただし、あなたにとって本当に必要なスキルは、面倒くさそうな人を避けるのではなく、そういった方々をうまくマネージしたり、コントロールする能力です。さまざまな人の「個性」という「灰汁《あく》」を、うまく扱える人こそが成功するのだと思います。

初めてプログラミングを覚えるためには「写経」しかない

僕の周りにはプログラミングを覚えたいという人が多くいます。「どうしたらいいですか」「教えてください」「どこで教えてもらえますか」などと聞かれることも非常に多いです。

僕は、Ｗｅｂプログラミングは、漢字の書き方を覚えるのと大差ないと考えています。最初の最初は、「写して、書いて、覚える」しかありません。

僕が初めてプログラムを書いたのは、８歳のときです。任天堂のファミリーコンピュータのプログラムができる「ファミリーベーシック」という機材をお年玉の１万４８００円で購入し、説明書に載っていたプログラムを一字、一句、写経して覚えました。８歳です。アルファベットの読み方も、九九もまだ完璧にわかっていませんでした。しかし、Ａボタンを押すと主人公がジャンプして、敵を踏みつけるゲームを作っていました。それを考えると、プログラミングを覚えるのに、大した知識は必要ないように思います。

もし、この本を読んでいる人で、これからプログラミングを覚えたい人は、絵や写真が多くてわかりやすい言葉で書かれたプログラミングのなるべく薄い入門書を、買ってきてください。最初のページから、書いていることを淡々とマネして、写経してください。たまに改造してみてください。最初は、それのみでいいです。

だいたいわかったら、1冊全部やる必要もありません。難しい解説が長々と書かれているページがありますが、理解しなくてもいいです。プログラムが動けばいいのです。

今なら、本を買わないで、ドットインストール (http://www.dotinstall.com) でもいいかもしれません。

最初は、本当にそれのみです。

頭がいいかどうかより、最初の最初で、写経する根気があるかどうかのほうがはるかに重要です。

プログラミングに文系も理系も関係ない

多少、意味がわからなくても、淡々と写経を続けてください。地道に、淡々と、まじめにです。「初めてのプログラミング」は、そんなものです。地味です。地道です。それのみです。難しくもなんともないです。最後まで写経する必要もありません。

本を1冊攻略するのに、何ヶ月も時間はかかりません。薄い本だと1日かからないことがありますし、長くても1冊で1ヶ月くらいです。分厚い本は、読むところが20％くらいです。

今のWebのプログラミングやスマホアプリプログラムは、「ある程度」は、頭が相当悪くてもできます。

フーリエや離散コサイン変換やチューリング理論などの数学を使うのはメーカーにいたときのみで、ネット業界に来たらいきなり、数学を使わなくなりました。ソーシャルゲームのユーザー動向解析プログラムなどを作る際は、数学を使うと思いますが、ソーシャルゲームそのものを開発するのに、数学は必要ないです。

昔のプログラミングは、メモリの管理や、ポインターや、画像処理が必須でしたが、今のWebのプログラミングは、算数すら使わないため、誰にでもできます。本やネットから写経すればいいのです。

「文系でもプログラミングできますか？」という質問がよくありますが、**「小学生くらいの知能があればできる」**と思います。**僕らが子どものころのマイコン雑誌に掲載されていたプログラミングを書いていたのは、小学生とか中学生とか高校生ばかりでした。**しかも、今よりはるかに厳しいメモリ管理の上に、ろくに機能もメモリもツールもない時代に、**給食で揚げパンを食べているような子どもたちがプログラムを書いていたのですから、文系も理系も関係ないと思います。**

日本はありがたいことに、母国語で書かれた入門書やサイトが多数あります。母国語の入門書がなく、英語のみの国のほうが多いです。

プログラミングの最初は、漢字の書き取りと同じです。小学生のころの、漢字の練習を思い出してください。ひたすら漢字ドリルに書いてある漢字を、写経のように淡々と書かないと漢字なんて覚えられないのです。偏《へん》、旁《つくり》の意味など、知っていても知らなくても、淡々と写経して、漢字を覚えると思います。最初のプログラミングの勉強もまったく同じです。

何かを学ぶとき、最初の最初は、地道にマネすることが大事です。

プログラマーの皆さんが、新しい技術や言語や機能が出ても技術資料を見て、パッと使えるようになるのは、最初の最初に地道な努力をしたためです。いきなりできるようになったわけではありません。

すばらしいプログラミング学習サイトが多くあります。非常にいいことです。ドットインストールなどは、無料でいながら教材が非常に充実していて、すばらしいとしか言いようがないです。しかし、最初のステップがないと、まったく意味がありません。

どんなにすばらしい本や教材やサイトがあっても、地道にやる「根気」と「時間」がないと、意味はないです。

この「地道に写経をする」という作業はつらいです。しかし、僕はこの習慣をつけたおかげで役にたったことがあります。

僕は2002年にオーストラリアの永住権を申請しました。その過程で、A4用紙3〜4枚の英語の小論文を書かされるのですが、当時、僕はフォーマルな形式の英語の長文を書くことがまったくできませんでした。センター試験程度の英語の知識もあやしかったです。問題集を買って、問題を解いてみて、語学学校の先生に添削していただいたところ、赤字でほとんどの部分を直されて、原型をとどめていませんでした。そもそも英語の冠詞や前置詞を理解していない人間に、論理的でフォーマルな形式の小論文を書くのは無理です。まず合格は無理でした。

そこで、ネットでその模範解答だけを集めてきて、毎日毎日、地道にそれを写経したところ、あっさり合格しました。オーストラリアに旅行でやってきた僕に永住権が授与されました。「地道に写経する精神」は他でも応用がきくのです。

どんなに歳をとっても、どんなにベテランになっても、何かを学ぶ時には、プライドも恥も捨てて、素直に「地道に写経する精神」だけは、ずっと持っていたいと思います。

動いているものを見せれば、大人は納得する

僕は、「エラいオッサン」は若い人の文章を3行以上読まないと思っています。僕も、30代半ばとなった今、オッサンの気持ちは痛いほどわかります。そこで、「エラいオッサン」には、うだうだ説明するより、実物を見せるようにしています。

「エラいオッサン」は、いちいち若い人の話を聞きません。若いときの経験から、そう思うようになりました。

大学卒業後、僕がメーカーに就職して、最初に配属されたのは、プリンタードライバーを開発する部署でした。自分も開発に携わりたかったのですが、就職先のメーカーは、直接プログラムを組むことが少なく、予算と仕様の決定、品質や進行の管理など、いわゆる開発管理しかしませんでした。業務のほとんどが、上から落ちてきた話を、下に流して、下から上がってきた問題を、上に相談しての繰り返しです。プログラミングが好きな僕には、あまり楽しい職場

ではありませんでした。いろいろな会社がからむために、開発は遅々として進みません。**同じような打ち合わせが延々と繰り返されて、「人生を浪費している感」が満載です。**そんな日々に**腹が立った僕**は、とうとうプリンタードライバーを、**自分で作ってしまいました。**「エラいオッサン」を説得するのが面倒だったために、「いっそ自分で作ってしまえ」と思ったのです。

入社して1年が経過したころでした。ゴールデンウイークの会社に忍び込み、試作のプリンターを引っ張り出して、テキストエディターの「秀丸」でシコシコとプログラムを書きました。

紙切れよりも、現物を見せる

ゴールデンウイーク明けです。上司の机の上に試作品の実機を置き、「取りあえずA４縦だけは印刷できます、用紙を横にすると印刷しないですし、パワーポイントはところどころ崩れるけれど、だいたい動きます」と説明しながら、作りかけで30％くらい動くプリンタードライバーをパソコンにつなげ、ガリガリ印刷するところを見せました。

そこから社内は大騒ぎです。今まで莫大な予算をかけて外注していたものを、入社1年目の新人が自力で、しかも短期間で作ってしまったためです。異例の事態を会社はなかなか受け入れられません。すったもんだした挙げ句、研究所所員や関連会社も含めた会議が行われました。

「これ、どうしましょう?」「でも動いてますよ」「今まで外注に支払ってきた金額はどうなるんだ!」「どうする?」「どうする?」「どうする?」——会議は難航し、もめにもめました。そのとき、一人の研究所の主席技師が決定的な一言を言いました。

「動いているソースコードが、いちばん正しい」

この一言がきっかけになり、僕のプリンタードライバーを組み込んだプリンターは正式に販売されることになりました。

このときの体験がそのあとの僕の考え方のすべてだと思っています。実は、それまでにも何度か『私に作らせてくれ』と上司に提案したことはありました。しかし、毎回毎回毎回毎回却下されました。

いろいろな提案書や、仕様書なども作ったのですが、全部ボツでした。邪魔をしたのは、責任や立場などです。そこで、目の前にないものには、「エラいオッサン」＝大人は難癖をつけたがるのを知りました。「エラいオッサン」にとってはイノベーションや、新しいことよりも、自分の担当の仕事をいかに責任を取らずにこなすかが大事です。

ただ動いているものを見せれば、大人は納得するのだとわかりました。今まで、いろいろなパワーポイント書類を作ってはボツになっていたのですが、無駄な紙切れよりも、実際に動いているものを見せるほうが相手も納得してくれます。

僕が新しいものを作るとき、相手になんのかんの言われる前に実物を作って納得してもらうというやり方は、このときに確立したと思います。

起業してからも、このやり方は変わりません。パワーポイントで何かを書く前に、テストのサイトやアプリを作って、パワーポイントはあとからというやり方をしてます。不思議な気もしますが、このやり方のほうが、提案書先行よりも仕事が取れます。

不必要なパワーポイントを使わないためにエコですし、パワーポイントを使っても人を説得できないと思います。

「お金を払う」ではなく「お金をもらう」とスキルは高速で身につく

ダメ人間のスキルの習得には次ページの表のような法則が成り立つと思っています。インターネット上では、「これをやって英語を身につけたぞ!」という英語学習法についてのブログが、往々にして人気を集めます。しかし、どんなによさそうな学習法も僕には意味がないと思っています。僕のようなダメ人間の場合、モチベーションが続かないためです。

一般的に、お金を払って英会話学校に行っても、英語が身につく速度は遅いです。一方、無理やり海外の仕事を担当させられた人は、著しい速度で英語が話せるようになったりします。

ただし、こうやって無理やり身につけた知識にはさほど体系性がなく、自分が使った分野しか身につかないデメリットがあります。しかしながら、それを補って余りある学習速度があると思います。

◉お金と学習の関係

数量	学習速度	知識定着	体系性
お金を払って覚えたスキル	×	△	○
お金をもらって覚えたスキル	◎	○	×

僕は、1円でもいいからカネを取ると、あらゆる技術が早く身につくと思っています。

こう思うようになったのは、8年ほど前に、大阪の起業フェアで会った人の話が強く印象に残っているためです。彼から聞いたのは、次のような話でした。

彼は英語にひどくコンプレックスを感じていました。そこで、ネットを使い、副業で翻訳業を始めます。最初は和訳のみでした。和訳ならじっくり調べればなんとかなると考えたためです。

学習するなら起業しろ

彼の翻訳業の特徴は「時間は非常にかかるが、料金は非常に安い！」ことです。最初は遅かった翻訳速度も、仕事をこなしているうちにだんだん速くなってきました。おかげで1年もしないうちに英語ができるようになり、今では通訳の仕事も受けているということでした。

彼の英語レベルがどこまでなのかはわかりませんでしたが、僕は非常に感銘を受けました。おそらく最初はトラブルがあったと思われます。しかしながら、学習するなら起業しろという考えはすばらしいです。今なら、楽天ビジネスなどを使えば仕事も集めやすいでしょう。

僕自身も、本来は組み込みやドライバーのプログラマーでした。ネットの知識を身につけたのは、何も知らないのにWebデータベースの仕事を受けたためです。

僕が、前職を辞めたころの話です。当時の僕は、オーストラリアに留学中でした。思うところがあり、オーストラリアの永住権を申請しましたが、半年以上無職だと申請条件からはずれるため、現地で無理やりに仕事を取ろうとしました。しかしながら、ワーキングホリデービザで組み込みプログラマー向けの仕事などあるはずもなく、やむを得ずWebデータベースの仕事を受けたのです。

その当時の僕は、Webもサーバーもデータベースも触ったことがありませんでした。そのため、非常に苦労しましたが、永住権と今後の生活がかかっていたために、驚異的な速度で学習した記憶があります。プログラミングとデータベースは、3日で覚えました。

しかし、日本に帰ってまでネットの仕事をするとは思いませんでした。

Webデザインを覚えたい人は、「時間は非常にかかりますし、うまくもないですが、5千円で会社のホームページを作ります！」と仕事を募集すればいいと思います。プログラマーなら「時間は非常にかかりますが、診断系アプリなら5万円でAndroidアプリを作ります！」と募集すればスキルが早く身につくかもしれません。

今なら、ランサーズや楽天ビジネスなど、仕事を取ってくるサイトは多くあります。

非コミュグラマーが独立するのに必要なたった2つの勇気

「非コミュ」とは、コミュニケーション能力が劣っているという意味です。非コミュなプログラマーだった僕が独立するのに必要だった、たった2つスキルについて書いてみようと思います。必要だったのはスキルというより勇気、たった2つの勇気のみです。

①nullなり適当な値をつっこんでコンパイルする勇気
②プライドを捨てて、人に聞いたり、頼ったりする勇気

これのみです。「null」とはプログラミング用語で「からっぽ」または「空欄」のような意味です。ヌルと発音します。コンパイルとは、この場合は「実行する」という意味に解釈してほしいと思います。

僕は、すさまじく人とコミュニケーションを取るのが苦手です。頭もよくありません。プログラムもうまくないです。友達を作るのも苦手です。コネも何もなかったです。口も悪いです。やたらプライドのみは、高いです。なんとか独立して、いろいろな人に助けられて、生活ができるようなりました。起業したころの僕は、何も持っていませんでした。使ったのは先ほどの、2つの勇気のみです。

僕は、28歳のときに初めて会社を作りました。別に個人事業主や会社員でもよかったのですが、僕が独立したときは「ことさら転職など面倒くさいし、リクナビの担当者が好きじゃないし、カッコイイから会社設立」という理由だけでした。ただし、僕は事務処理という事務処理が苦手でした。そして、今でもまともに書類一つ書けません。

書店で『7日で株式会社をつくる本』という類の本を買ってはきたのですが、僕は紙の書類を作る根気がないです。会社を登記するための書類というものは、つまらないです（今なら行政書士を使うのですが）。

そんな起業マニュアル本を読んで家でごろごろしていたら、オカンに見つかって、怒られました。

「あんたが、会社なんか作ってうまいことといくわけあらへんやろ！　ええか！　アメリカンド

リームなんかあらへんで！」

僕はオカンに怒られて機嫌が悪くなりました。当時28歳です。母親が怒るのも無理はありません。当時の僕はだらしがなかったのです。

バツイチですし、実家出戻りですし、朝起きないで昼まで寝ていますし、無職ですし、夜中に独り言を言いながらアホなコードを書いていますし、オンラインゲームですら会話が続きません。「社会に対応できない系プログラマー」の典型のような人間です。

そんな僕が持っていた勇気は、すべてのプログラマーが持っている勇気です。そう、すべてのプログラマーが、プログラミングのときに、必ず使う勇気です。

ｎｕｌｌなり適当な値をつっこんで実行する勇気。そう、それのみです。

人生とりあえずコンパイル

本に書いてある書類を作るのも面倒なため、法務省のＷｅｂページから会社登記のテンプレートをダウンロードして、面倒に思える箇所は空欄で法務局に出しました。

作成例のため「事業開始年度○○」「決算期○月」「発行株式数○○株」となっているのは、言うまでもありません。しかしながら、僕は、その「○○」のまま出しました。事業年度、発行株式数、決算月など、当時の僕にはわかりません。プログラマーの僕に、そんなものがわかるわけがありません。興味もないため、調べることもしませんでした。ｎｕｌｌをつっこんで出せばいいや、人生とりあえずコンパイルだ、と思っていました。

後日、法務局に呼び出されたのは言うまでもありません。法務局は大量のコンパイルエラーを返してくれました。僕がテンプレートのまま出した登記書類には、付箋紙がびっしりと貼ってありました。法務局の担当のおっちゃんは、僕を奥の部屋に連れて行き、一行一行、「ここにこれを書くんや」「発行株式数か？　資本金が１００万の会社やったら、１００株でええやろ」「ここに訂正印押すんや」「訂正文字数をここに書くんや」と1時間半くらいかけて、教えてくれました。

僕が初めて作った会社の定款や登記書類は訂正印だらけで、原型をとどめていませんでした。登記簿は書き直す箇所が多すぎて、全部、法務局のおっちゃんの指導で書き直しました。非常にカッコ悪い船出です。なんだか書類一つ作れない自分が情けなくなりました。

「あー、あの、すんません。僕、こういうのサッパリわからないもんで」

法務局のおっちゃんは、割り印を押しながら、僕に言ってくれました。

「ええか、これからもな、わからんかったら、人に聞いたらええんや。誰でもなんでも最初から、うまいこといくもんちゃうんや。人生、勉強やで」

法務局のおっちゃんの一言は、僕の心に残りました。


そんなわけで、僕は「プライドを捨てて、人に聞いたり、頼ったりする勇気」も手に入れました。今までネットなどで調べた知識を聞きかじりして、知ったかぶりで、プライドのみが高かったプログラマーに一つのスキルが追加されました。

人脈がなくても、仕事は取れる

そもそもプログラマーのため、営業がなんたるものかもわかっていませんでした。非コミュのため、営業トークができません。今まではケンケンゴウゴウの開発会議しか出たことがなかったです。「おまえの仕様はクソだ！」「その実装いいね！　美しい！」「品質管理として、それは通せない」「＊＊な理由で実装できません！」のような会議しかしたことがないのです。本音しか言わない会議が多かったのです。

しかも、「営業の仕方」がわからないのです。カネをもらうための打ち合わせを、したことがない状況でした。

非コミュプログラマーのため、わからなければとりあえず、人に聞いてみる勇気のみで営業をしていました。法務局のおっちゃんの教えです。

僕「あのー、えー、あのー」
クライアント「はい」
僕「えー、あのー……普通、営業って、何話すんですかね？　やったことないので」
クライアント「あー……（多少の沈黙）……『何かないですかー？』とか、自社の概要とかですけど……」
僕「えー、あの、じゃあ、じゃあ、『何かないですかー？』」

クライアント「えー」

営業の仕方がわからないため、その都度、クライアントの皆さまに聞きながら、営業していた記憶があります。そういう頼りない営業をしていましたが、なぜかしら、だいたいのクライアントが仕事をくれました。

「コネや人脈がないと独立できない」と思っている人が多いと思います。しかし、僕の場合は、そんなものは何もなかったです。当てずっぽうに、家の近くにある会社のホームページのお問い合わせフォームで『何かないですかー？』とメールしていただけのように思います。

多くの人に起業のチャンスはあるという今だったら、ＦａｃｅｂｏｏｋもＴｗｉｔｔｅｒもあります。人脈がなくても仕事はいくらでも取れるのではないかと思います。

異業種交流会や起業家イベントにも多く出席しましたが、あれで何かよいものが得られたという経験はありません。

そのうち、Ｗｅｂ作成の仕事に手を広げるようになりました。ただ単に、当時はＷｅｂ系の仕事が多くありそうだったからです。もともと、家電メーカー系組み込みエンジニアのため、Ｗｅｂ業界の技術も相場も見積もりも、さっぱりわからないまま仕事をしてました。

そもそも、自分の部屋のコタツのテーブルの上でコードを書いて、自分で納品しているため、原価ゼロです。

「見積もりください」と言われても、なんともピンときませんでした。見積もり、発注書、納品書、検収、請求書の流れすら知らないで起業していました。しかしながら、「ｎｕｌｌなり適当な値をつっこんで実行する勇気」があればなんとかなります。

クライアント「＊＊社のサイトで、こんな感じなんですけど、お見積もり出していただけませんかね」

僕「あー、あのー、なんかー、そもそも相場わかんないので……3万円くらいですか？」

クライアント「ちょっと　それは……」

どうも雰囲気からすると、安かったようだ。

僕「えー、あー、じゃあ、３００万円くらいなものですかね?」

クライアント「高過ぎです」

僕「えー、あの、じゃ、じゃあ、50万円くらい?」

クライアント「システム入ってるから、そのあたりより、もうちょっと高いかなぁ」

僕の最初の見積もりは、見積もりというより「初対面の異性との年齢当てクイズ」みたいな感じだったように思います。

もっと言うと、最初にもらった仕事では「見積もり書って何ですか?」「そもそも請求書ってどう書くんですか?」などとクライアントに聞いていました。ひどいもんです。僕の事務処理能力の低さをわかってきたクライアントでは、事務のお姉さんが、「ああ! もう!」という感じで、見積もり書から発注書、請求書、納品書まで、一式作って持ってきてくれたりしました。

エラーにへこたれない勇気

技術もよくわからないままに、仕事を取ってきた気もします。「やります、やります！　で、CSSってなんですか？」というような感じでした。ただし、わからないときは、「わかりません」と言いました。あざとい営業のようなウソはつかないように仕事をしていた気がします。

最初の法人税の納税も、よくわからなかったためにnullで出しました。白紙で持って行くと、税務署のおじさんが、見かねて、鉛筆で薄い文字で下書きの数字を書いてくれました。税務代行業務は税理士の仕事です。そのため、「鉛筆で書いたからなぞれ」などと言われながら、なんとか納税もしました。元来、役所は、nullでコールするとエラーは返ってくるものだということがわかりました。

起業して4ヶ月くらいの間、そういうメチャクチャな仕事をしていたら、合わせて1200万円くらいの仕事を取っていました。少し前まで、25万円くらいの給料しかもらえなかったエンジニアにとって、あまり見たことのない数字が振り込まれました。ご飯を食べられるようになりました。

「ちゃんとしたところに就職せなあかん、寄らば大樹の陰やで」と言っていた母親も文句を言わなくなりました。

その後も、とりあえず、ｎｕｌｌをつっこみ、わからなければ素直に聞くという方法を続けていきました。一方、同じ時期に起業をされた知人の多くは、まったく逆でした。クライアントに対して、知らないことでも何でも知っているように、知ったかぶりで振る舞い、ｎｕｌｌどころか、謎のカタカナ用語いっぱいのプレゼン資料でクライアントを取ろうとがんばっていた方々が多かったです。そういった方々の多くは、だんだん仕事が取れなくなって、消えていきました。

僕はまったく逆で、カタカナ用語いっぱいのプレゼン資料どころか、ｎｕｌｌの精神で、手ぶらでクライアントに行っては、「何かないですかー？　え？　資料ですか？　すいません。そんなのないです」しか言わない営業をしていたら、逆に生き残りました。一時期、がんばって彼らのマネをしてカタカナ用語いっぱい資料を作ったところ、まったく仕事が取れなかったので、資料を作らなくなりました。

多くのエンジニアは、お金の計算や契約などから非常に遠い世界にいます。起業・独立は、お金や契約があってこそ成り立つ要因が大きいです。しかし、ありがたいことに、それらの仕組みは技術文書よりはわかりやすいです。コードを書かなければ、エラーメッセージすら見えません。だから、僕らはヘルプや技術資料を見て、ｎｕｌｌをつっこんでコードを書いて、動かしてみるのです。それを現実世界で実装すればよいのです。

「独立してフリーのプログラマーになりたいです」

そう思っているすべてのプログラマーへの答えは一つだけです。

「あなたが、多少のコンパイルエラーでもへこたれないプログラマーならば、独立してもうまくいくと思います」

第3章

世の中、金ではどうにもならないことがたくさんある

競争が激しいところに行くから、価格はたたかれる

僕は「はてなブックマーク」が多くついている話題は、お金にならないと思っています。すでに競争が激しいためです。

たとえば、ガラケーがバブルだったころの話です。ガラケー業界の誰もが、デコメ画像やケータイコミックで月間数億円の売上をたたき出しているのが日常だったとき、「はてなブックマーク」の世界はWeb2.0がどうだとかで、大騒ぎをしていました。それに便乗した会社の90%以上は、後にサービスが消えてなくなってしまいました。Web2.0やセカンドライフなど、ネット業界が大騒ぎするようなサービスの多くはなくなり、一方で、「はてな」のユーザーが嫌いそうな、ケータイコンテンツの会社のみが上場する状況でした。そのため僕は、「はてなブックマーク」が1000以上ついた話題がいくつも出た場合、その業界はもうアドバンテージがないと思っています。

交流会をよくやっている業界も、それほどはかばかしくは儲からないと思います。東京では頻繁にネット業界のセミナーや交流会などをやっています。交流会に出たからといって、儲かるわけではありません。ソーシャルゲームがいちばん伸びていた時期は、どこもソーシャルゲームの交流会などはしませんでした。本当に忙しく、交流会を企画する暇も、集まる人もいなかったからです。最近になって、ソーシャルゲーム業界の交流会やイベントも増えました。

競争が激しいところに行くのは避けたほうがいいのでしょうか？　それとも、みんなと一緒になって、競争をしたほうがいいのでしょうか？

あなたが確実に儲けたくて、リスクを最小限にしたければ、ジーパン屋になることです。かつて、アメリカでゴールドラッシュがあったとき、多くに人たちがイギリスからアメリカに金を掘り当てに移民してきました。そして、そのほとんどの人たちが金を掘り当てずに人生を終えました。

誰が儲かったのかというと、金を掘っている人たちに、丈夫な作業着の**ジーパンを売っていた「リーバイス」という会社です。**別に金を掘り当てても、掘り当てなくても、掘る人たちは皆、リーバイスのジーンズをはくからです。

携帯電話メーカーが各社1円単位のコストを削って、熾烈な競争をしています。様々な携帯電話を何億台と量産し、人気機種は作れば作ったのみ売れまくり、不人気機種は無数の在庫と廃棄と赤字を生み出しました。誰がリスクなく儲かるのかというと、携帯電話に共通のチップを作ったり、丈夫なガラスを作る会社です。人気機種であろうと、不人気機種であろうと関係なく、彼らの部品は売れるからです。

競争は最大のコスト

ソーシャルゲームが大はやりしていますが、大ヒットするゲームもあれば、鳴かず飛ばずのゲームも多くあります。ほとんどのゲームメーカーは、10個のゲームを出したうちの1個がヒットすれば、いいほうだと考えています。誰がリスクなく儲かっているのかというと、サーバー屋さんです。人気ゲームであろうと、不人気ゲームであろうと、彼らのサーバーは売れるからです。

パソコンブームが来たときも、多くの会社がパソコンを作りました。しかし、コンパックやIBMのように、パソコン事業そのものが売られたり、Gatewayのように、採算が取れなくなってしまったパソコンメーカーも多いです。彼らにマザーボードを提供していた台湾企業が、リスクなく儲かったように見えます。言うまでもなく、いちばん儲かったのはCPUを提供したIntelと、Windowsを売っていたマイクロソフトです。人気のパソコンでも、不人気のパソコンでも、彼らの作るものは必要だからです。

ただし、ジーパン屋は、リスクが少ないだけで、競争を勝ち抜いた人よりも、売上が大きいかというと、そうとばかりもいえません。もともと、ジーパン屋のようなポジションになりやすい商品は、表舞台に立たないことが多いため、目立たないこともあります。また、買っていただけるターゲットがわかりやすいため、営業しやすい反面、商材によっては市場が小さかったりします。ただ、競走馬になるよりはリスクが少ない商売であることは否めません。

僕自身も、すごく目立たない、競争のまったくない分野でこそ、儲かったような記憶があります。逆に、競争の激しい分野で、つらい思いをしたことも多いです。今でも、競争しないでビジネスすることの重要性を感じています。

起業し始めのころ、システム受託開発をしていたのですが、それのみでは面白くないので、普通のWeb制作業務も始めました。本音を言えば、いい勉強にはなりましたが、しんどかったです。

Web制作会社は、星の数よりも多くあります。案件を取っても、ほかの会社と比較されて、値段をたたかれるだけ、たたかれます。見積もりを取っても、「よそより高い」「前評判より高いよね」と言われて、しんどいだけでした。デザイナーの皆さまにお金を払うとあまり残らないため、すぐにやめました。そして、**「相見積もりを取られないような分野で仕事をしていこう。競争は最大のコストだ」と本気で心に誓いました。**

そこで、クライアントから仕事で相見積もりを取られたら、「どうぞどうぞ！　僕より、絶対他社のほうがいいですよ！」と言うようにしています。すると、商売が楽になった上に、利益も上がるようになりました。仕事を断ったほうが利益が上がるとは、なんとも言いがたい不思議な話です。

過剰な競争は最大のコストです。競争で向上する部分も多くありますが、不毛な価格競争になって消耗戦になることがあります。競争に勝ち抜くより、いかに競争しないかを考え抜くことが大事だと思っています。

iPod発売日にパナソニックのエンジニアがしたこと

日本以外の国では、韓国のデジタル家電のほうが日本製品よりメジャーな場合が多いです。価格も安いし、ユーザーのニーズに沿った製品を作っていますし、特殊な機能を追求したりしていないからです。

日本メーカーは、特殊な技術にこだわることが多いです。

たとえば、1975年にソニーがビデオのベータマックスを出したとき、なぜか「カセットの大きさ」にこだわっていました。彼らは、文庫本サイズにこだわっていたのです。そのせいで初代ベータは1時間しか録画できませんでした。そこはこだわるべきところだったのかどうか、今思うと謎です。その後、いろいろな理由で、ベータマックスは市場からはじき出されました。

デジタルオーディオプレイヤーの世界もｉＰｏｄや韓国製に日本メーカーが遅れを取ってい

ました。理由は、日本メーカーは「著作権保護とデータが絶対消えない」にこだわっていたためです。メモリやHDDなどという不安定すぎるメディアに音楽を記録して、落下や衝撃のショックでデータが消えたらお客さまにどう説明するんだ？　というのが1990年代の日本メーカーのこだわりであり常識でした。

初代iPodが出たとき、僕はパナソニックのSDプラットフォームチームにいました。当時、パナソニックは本気でSDカードを使ったオーディオプレイヤーを普及させようとしていたため、iPodには、驚かされました。

パナソニックなどのSD陣営は、データが消えにくく、著作権保護が可能なSDカードとその周辺の開発に、すでに数百億円以上をつっこんでいました。他社と調整してSDMIなどの世界標準規格も、多く作っていました。非常に長い時間と多くの金をかけて著作権保護と暗号化と静電気に強いカードとフォーマットを開発していました。その前に出したスマートメディアやMMCが静電気に弱くデータが消えることが多かったためです。1万回SDカード抜き差しするテストなどが普通に行われていました。メモリースティックについても同様の状況だったのは、言うまでもありません。

そのため、ハードウェア担当者たちは、急に出た初代iPodの発表を聞いて、驚きました。「ハードディスクなんて、不安定なモノでどうやって、データを消えないようにしとるんや？　加速度センサーで衝撃や落下を事前に検出してシークをはずしたりしとるんか？　その割には安すぎるし、それでデータ保護も完璧にはでけへんやろ……」

iPodの発売日、ハードウェア担当者たちは、恐る恐るiPodを分解しました。Appleはどんな衝撃対策やデータ保護対策をしているのだろう……。どんな未知のテクノロジーを使ってユーザーのデータを保護しているのだろう……。

結果は……、iPodの中に裸のハードディスクがゴロンと入ってるのみでした。加速度センサー？　そんなものは微塵《みじん》もありません。衝撃対策は、ゴムみたいに見える何かを挟んでいるだけです。「データは消えても知らん」という設計思想に思いました。実際、iPodはデータが飛ぶことがありました。

iTunesは著作権保護もぐだぐだで、日本メーカーがこぞって進めていた「自称」世界標準の著作権保護規格であったSDMI規格も100%無視されていました。CDに焼くことも、複数のiPodにコピーすることもでき、非常に驚かされました――。

ハードウェア担当が言いました。

「こんなん、ウチでは出されへんがな」

こだわるポイントはどこか

iPodが売れるに従い、我々がこだわっていたことは一体何だったのかと思うようになりました。

韓国製のMP3プレイヤーは、もっとひどかったです。著作権無視は言うまでもなく、データも消えやすかったです。しかし、データ保持と著作権保護に金と技術をつぎ込んだSDカードやメモリースティックのオーディオプレイヤーよりも、しょっちゅうデータが消える韓国製MP3プレイヤーやiPodのほうが売れました。現在はメモリの性能が上がって昔ほどは消えなくなりました。

iPodやMP3プレイヤーは、ニーズに沿ったものを作りました。求められていないものは無視しました、それだけです。ユーザーは、データ保持性も、著作権保護も、そこまで求めていなかったためです。

日本メーカーはヘンなところにこだわりすぎて、デジタルオーディオプレイヤーそのものを出すのが遅れました。Appleや韓国メーカーに大きく水を開けられたのは否めません。

最近の日本メーカーは、ナノイーつきテレビを作ったり、プラズマクラスターつき音声認識掃除機を作ったり、スマートフォンで洗剤の量を調整する洗濯機を作ったりしています。こだわるポイントがよくわからなくなってきています。

「顔色の法則」。週に一度顔を合わせないプロジェクトは破綻する

僕の仕事はさまざまな会社にさまざまなものを発注します。デザインはあの会社、アプリはあの会社、サーバーはこの会社など、さまざまなところにお願いをさせていただきます。

経験的に、週に一度は顔を合わせないとそのプロジェクトはつぶれる確率が高いと思ってます。何かを成し遂げると腹を決めたら、週に一度、オンラインあるいはオフラインで、顔を合わす機会を作るべきです。別に全員、一同が合わさなくてもいいです。個別に合わすのみでもいいです。実際に会わなくとも、Ｓｋｙｐｅなどのビデオチャットでもかまいません。しかし、相手の顔色を見ないといけないと思っています。これは、マイクロソフトで言われた「顔色の法則」から来ています。

かつて、マイクロソフトは、Ｗｉｎｄｏｗｓ３・１の各国語版を開発（ローカライズと呼びます）していたとき、それぞれの国で開発しました。日本語版は日本で開発していたのですが、当時は、

インターネットも大して普及していないためか、プロジェクトは、かなり難航しました。それ相応に連絡を取り合っていたにもかかわらず、多くのプロジェクトが破綻しました。おかげで、国によっては1年以上発売が遅れる事態に陥りました。そこから、**顔色を見ないプロジェクトは破綻するという、何やらわからないジンクスができました。**

そこで、マイクロソフトは、Windows95を開発するとき、反対にアメリカのレッドモンドに各国の開発チームを終結させました。数多くのNECエンジニアがアメリカに派遣され、単身赴任プログラマーを量産する事態になりました。それ相応に、混沌としたプロジェクトでしたが、Windows3・1のときのように、国によって発売が1年以上遅れるという事態は避けられたようです。

「今の時代だから、メールやチャットでいいじゃないか」と言われるかもしれません。サイボウズなどのグループウェアやプロジェクト管理ツールなどで、進行状況は把握できるじゃないかと思うかもしれません。しかし、現実に会議室に集まったり、Skypeであれ、ビデオチャットであれ、リアルタイムに顔と声を聞く機会を作らないといけないと、僕は思っています。

短時間に何度も会うと印象がよくなる

締め切りが近づいたら、「打ち合わせなんかやってらんない」と思うかもしれませんが、まったく反対です。状況が困難なときほど、毎朝、デイリーミーティングをしてもいいくらいです。ただし、ミーティングは数を増やせば、増やすほど、1回当たりの時間を減らすべきです。別にミーティングでなくても、一対一で顔を見て、状況を聞くだけでいいです。デイリーミーティングなどは5分なくてもいいと思います。

顔色を何度も見るということは、心理学の「単純接触の法則」が働いているためではないかと思っています。金城辰夫監修『図説 現代心理学入門』(培風館)によると、「単純接触の法則」とは、単純に何度も接触したものにいい印象を抱くというものです。テレビでたった15秒のCMを、短期間に何度も見ると、なんとなくその商品を買ってしまうのと同じ理由です。

大事なのは、接触時間でなく接触回数です。面談の中身はなくてもいいですから、**短時間に何度も会うと、それなりに印象はよくなります。**反対に、「飲みにケーション」だなんだと言って、飲むのが好きじゃない人を無理に長時間拘束すると、人によっては、関係が悪くなることもあります。

第４章

最後によかったと思える人生を

「好きなことをやりなさい」と言う大人は無責任

僕は、若者に対して「好きなことをやりなさい」と言う大人は無責任だと思っています。好きなことをやっていくと、将来の選択肢はどんどん減っていくのみだからです。あなたが好きなことは、あなたができることにだいたい似ています。例外もいっぱいありますが、ほぼ似ています。

僕が高校のときに読んだ数学の参考書にこう書いてありました。

「**好きだからできるようになるのではない。できるようになったから好きになるのだ**」

数学の本にそう書かれると、「好きか嫌いかは、解けるようになってから言えよバーカ」という意味に取れなくもないです。しかしながら、僕は、この言葉は、人生における重要なことを伝えていると思います。

人は、最初、何もできません。そして、大人になっても多くの分野で無知です。

何もできないと、すべてが嫌いになります。何でもできると、すべてが大好きになるのかもしれません。若いときに、大変好きなことを見つけた人はいいのですが、そうではない人のほうが圧倒的に多いと思います。

そのため、若いときに、「好きなことをやりなさい」と言われても、そもそも、好きなこともできることも、選択肢が少なすぎるのです。そして、年を取っても、案外、できることも好きなことも少ないです。

これは、とてもよくないことです。

本音を言うと、僕はネットのプログラムが大嫌いでしたし、触りたくもありませんでした。やったことはなかったのですが、ネットのプログラムに長けた人たちには、頭が悪そうで、バカっぽい印象を持っていました。

大学でもCGI好きな人は、チャラくてコアな技術にあまり詳しくないように見えました。そういう人たちと飲みに行っても女の話しかしませんでした。おそらく、メモリやレジスタを知らない人種だと、彼らのことを思っていました。女の子に、自分の作った「ホームページ」を見せ、GIFのカウンターやCGIの掲示板を設置する自慢げな感じの人たち……。どことなく好きにはなれない人たちというイメージがありました。

とりあえずやってみる人がハッピーになる

僕のようなモテない系の学生は、C言語でゴリゴリとシューティングゲームなどを作っていました。そのため、得意げにPerlやJavaScriptをいじっている人たちは「アホそう」に見えました。ネットのプログラミングを、ことごとく避けてきた理由です。

僕が初めて、BASICのコードを書いたのは8歳のときでした。しかし、初めて、サーバーのコードを書いたのは27歳のときです。これで、メシが食えるようになるとは思いませんでした。おかげで、仕事の合間に「アホなサイト」をいっぱい作り、周りからは「アホそう」な人に見られてます。大学生のときに、やっていたらもっとモテていたのかもしれません。

「好きなことをやりなさい」という大人は無責任だと思います。

「好きなこと」のみをやっていくと、何もできない無限ループに陥る可能性がすこぶる高い。「とりあえずやってみる人」のほうが好きなものを見つけやすいですし、ずっとハッピーな未来があると思います。

好きなことしかしないと、どんどん将来の選択肢は減っていくだけだと思います。

超大企業と超未上場ベンチャーの違い

僕は超大企業に勤めたこともありますが、今はベンチャー会社の総裁（社長）です。超大企業とベンチャー、両方の特徴がよくわかっているため、これから就職活動をする人に向けて両者の違いを書いてみます。もちろん、もう就職してしまったあなたも、両者の違いを知るのはいいことだと思います。

超大企業

○元来、社内は学校に近いです。上司は先生のようなものです。
○自分ができる仕事の範囲は狭いです。
○自分の部門の仕事しかしません。
○あなたの会社がテレビCMに出たりします。または自分が関わっている製品がテレビに出たりすることもあります。

○初対面の方に仕事のことを聞かれても説明が非常に楽です。
○コンパで「へー！」とか「そこの製品使ってるー」とか言われることが多いです。心底うれしいです。
○あなたが独身男性の場合、彼女の父親が大変安心してくれます。
○住宅ローンの審査がすぐ通ります。
○会社の成長や衰退が実感できません。
○まず会社はつぶれません。少々の赤字でも銀行や取引先がつぶさせません。
○つまらない仕事も多いです。
○本音を言えば、なぜこの仕事をしなければいけないのかがわからない業務もかなり多いです。
○多くの場合、出世は遅いです。
○あなたの代わりはいっぱいいます。
○にもかかわらず、会社を辞めようとすると、両親やパートナーから非常に反対されます。
○仕事をしていないのにもかかわらず、お給料をいっぱいもらっている人が結構います。あなたが数十年後、そういう人になる可能性もあります。
○法律的に正しい仕事のやり方を教わることができます。

○ただし、それは面倒くさい手続きや決まりが多いです。
○比較的、書類作成にかかる時間が多いです。
○会議も長いです。若いうちは発言権があまりない会社もあります。
○根回しは必要ですし、重要な案件だと、かなり多くの方や部署への根回しが必要です。
○あなたが会社にとって重要でない上に、つまらない業務の担当になる確率が高いです。
○反対に、世界的に重要な仕事を任されたりもします。「世界標準規格を作ってよ」などと任される可能性もあります。
○そういう仕事はやりがいも多く、かなり貴重な体験もでき、人生観もかなり変わります。
○社内不倫をしてバレても、異動すれば噂は消えます。
○問題があったとき、誰が責任を持つのか、または、キーマンが誰なのかを探すだけで一苦労です。
○すでに上場しているため、あなたが上場利益でお金持ちになることはありません。
○お給料は役職がつくまではそこそこです。生活には困りません。ある程度の役職がつくと給料は上がります。ただし、出世レースに勝てればの話です。
○社長に会うことはかなりまれです。社長に意見することはできません。

超末上場ベンチャー企業

○学校よりサークルなどに近いです。上司は先輩みたいなものです。

○自分ができる仕事の範囲は大きいです。

○よその部門の仕事も、かなり回ってきます。兼任業務も多いです。

○社外であなたの会社を知っている人はほとんどいません。テレビで見ることもまれです。

○初対面の方に仕事のことを聞かれると少しだけやっかいです。

○合コンで「何の会社？」と言われます。

○あなたが独身男性の場合、彼女のお父さんから、面倒くさげな顔で「それは、何の会社かね？」と言われます。

○住宅ローンの審査を通すために、場合によっては、追加の書類を要求されたり、審査に時間がかかります。

○会社の成長を痛いほど実感します。衰退も実感します。

○驚くほど簡単に、あなたの会社が下降の一途をたどることもあります。あなたの会社が売られたり、買われたり、ベンチャーキャピタルの闇の力で社長を取り替えられたりします。

○つまらない仕事も面白い仕事も多いです。
○元来、仕事の多くは売上に直結するため、やりがいを感じやすいです。
○出世は早いです。
○あなたが社内の結構なキーマンになってしまったとき、あなたの代わりはいないこともあります。そうなるとあなたは神です。営業のキーマンが辞めたため、簡単に会社がつぶれることもあります。
○辞めるとき、家族やパートナーからあまり反対されないことが多いです。
○仕事をしないと会社に残れません。
○ドロ臭い仕事も多く、あとあと考えると法律的に微妙なこともやっていたりします。
○仕事のやり方が手っ取り早いです。
○比較的書類が少なく、口約束で決まることがかなり多いです。
○会議は大企業よりは少なく、短いことが多いです。若いうちから発言権があります。
○根回ししなくてもいいことが多く、根回しが必要でも手間は少ないです。
○あなたが会社にとって重要な業務の担当になる確率が高いです。そもそも業務部門そのものが、そんなに多くないためです。

○あなたの会社が世界を動かす可能性は今のところ低いです。
○小さな会社が大きくなっていくのを見ていくのは、かなり貴重な体験もできますし、人生観もかなり変わります。
○社内不倫をして、見つかれば、周知の事実になります。社長まで知っていたりします。
○問題があったとき、誰が原因なのかがすぐわかります。
○ストックオプションをもらって上場すれば、いきなりお金持ちです。
○お給料はよくわかりません。役職がつかないうちは少ないところもあれば、異常に多いところもあります。
○飲み会で社長が隣で飲んでいることもあります。社長に意見したり、社長になれたりします。

超大企業と超上場ベンチャー、あなたはどちらを選びますか？

「日本から世界へ」ではなく「オレ発世界へ」

「日本から世界へ」や「日本発、世界へ！」などという言葉が僕は好きではありません。その理由を、説明したいと思います。

大阪の産業界においても、「大阪から世界へ！」などとよく言っています。自らの商材に著しい価値を見出せない業界に限って、「大阪から世界へ！」と言っているように思います。

何やら、大した「モノ」を持っていない人ほど、作った国や地域を主張する気がします。

お客さまは、いいものであれば、どこで、誰が作ったかについては、関心が薄いと思います。僕は、作った国や地域を主張するのは、作った「モノ」や「サービス」に自信がないからだと思っています。

「世界の亀山モデル」などと言っていたシャープの液晶も今は見る影もありません。むしろ、作った国や地域を主張していないもののほうが、いいものが多い気がします。

初音ミクを作ったクリプトン・フューチャー・メディアは、北海道にある会社です。しかし、初音ミクを作った会社が、北海道にあろうと東京にあろうと、お客さまには関心がありません。「北海道なら初音ミク!」などと言いません。

ジャパネットたかたの本社は長崎県佐世保市にあります。彼らから製品を買うときに佐世保なのかどうかを、気にする必要もありません。手数料無料ならば、佐世保でもナイジェリアでも気にしません。

旧ソニーエリクソンは本社登記がスウェーデンでHQ(本部)はロンドンにありました。Xperiaというケータイがどこの国で作ったものかなど、ユーザーには関係ありません。「Angry Birds」はフィンランド生まれのモバイルゲームですが、超雪国であんなのどかなゲームを作っているようには見えません。むしろ、反対に「Angry Birds Rio」など南米色の強いバージョンを作っており、どう見ても、フィンランド色は感じられません。

1990年代、任天堂がそれほど有名ではなかったとき、「スーパーマリオ」が日本製であると知っている人は結構少なかったです。ゲームは面白ければ、どこの国で作られたものでも関係ありません。「マリオ」こそ「京都発世界へ！」と言ってもいいと思いますが、そんなカラーは一切ありません。

アメリカに行くと、ガジェットに興味がない一般の多くの人は、ソニーはアメリカの会社だと思っています。

Ｇｏｏｇｌｅやマイクロソフトなどは組織が国境をまたぎ、複雑で、実際にアメリカの会社かどうかすらもわかりません。しかしながら、Ｇｏｏｇｌｅが「シリコンバレーから世界へ！」とは言いません。むしろ、「Ｇｏｏｇｌｅさまがわざわざ作ってあげたんだから、世界中の愚民どもよ、オレのやり方に合わせて使えよ！」的なノリで世界に合わせようという姿勢すらありません。「オレ発世界へ」はあっても、「日本発世界へ」など、意味のないことだと思っています。

本当にグローバルな世界には、作った国や地域の価値はありません。お客さまに何を提供するかのほうが大事だと思います。

ブームを起こす企画に必要なたった一つのもの

僕は、ブームを起こす企画を世に送り出す人はすべて、リーチするメディアを持っていると思っています。いいものを作るだけでは、ブームを起こすまでにはならないことが多いためです。

たとえば、名作ロールプレイングゲーム「ドラゴンクエスト」のゲームデザイナーである堀井雄二さんは、**ゲーム開発者であると同時に、『週刊少年ジャンプ』で漫画の原作者をやっていました。**このことが、ドラゴンクエストがヒットした大きな要因だと思います。

「Dr．スランプ」の鳥山明さんとのパスもあったでしょうし、宣伝するメディアのパスを持っていたのが強かったのだと思います。**「初代ドラゴンクエスト」関連の『ジャンプ』の記事は堀井雄二自身が書いていたようです。**いわゆる、自作自演でありマッチポンプの理屈です。20年前、毎週、毎週、ゲーム雑誌でもない『週刊少年ジャンプ』で、開発中の「ドラゴンクエスト」の最新情報が掲載されていたのは、**完全に自作自演のスクープ記事だったのです。**今で言うところの「ステマ」です。

リーチするメディアを持っていないと、ムーブメントを起こすのは難しいということを痛感します。いいものを作るだけでは、だめだからです。商品を買っていただけるお客さまに届くメディアを持たないといけません。お金があれば、湯水のように広告を流せばいいのかもしれませんが、予算の都合上、それが難しいケースのほうが多いです。メディアなり、パブリシティなり、自分でコントロール可能なリーチ手段が必要です。

ガンジーも独立運動を起こす前に、新聞社を興しました。それをメディアにして、自分の思想のムーブメントを広め、独立運動をなしとげ、当時、イギリスの植民地だったインドを独立に導きました。彼が新聞社を興さなければ、インドは今でもイギリスの植民地のままかもしれません。

宮崎駿さんも映画「風の谷のナウシカ」を作るためにメディアを効果的に使いました。「ナウシカ」の映画の企画書がボツになったために、**アニメージュという雑誌に「風の谷のナウシカ」の漫画連載をしたあと、それを原作として映画化しました。**映画の企画書が先で、原作をあとで作ったわけです。メディアを作って、ムーブメントを作ってから、リーチしていたためです。

いいものを作るのも大事ですが、メディアを作ってリーチするパスを確保しないとムーブメントを起こすのは難しいと思いました。

SNSを使いこなせるのか

しかし、今の時代は、それが容易であると同時に今まで以上に難しい時代になったとも思います。

なぜ、容易なのかというとFacebookやTwitterなどのSNS、ブログ、メルマガなどのメディアを個人が簡単に持つことができるためです。コストをかけずに、非常に低い壁で、多くの人にインパクトを与えることができます。

一方、難しい理由も同じです。参入障壁が低いメディアがあまりにも多すぎて、一つ一つのメディアの影響力が小さくなっているためです。Ｔｗｉｔｔｅｒで１万人以上のフォロワーを持っている人は１％もいません。また、たとえ数万人のフォロワーがいても、全員が全員、24時間あなたのツイートを見ているわけではないため、影響力はそれほど大きくありません。

堀井雄二さんが活躍していた「ジャンプ黄金期」と違い、全員が全員、見ている雑誌やメディアがほとんどありません。そもそも、雑誌不況と言われて久しい時代です。どこの雑誌も赤字を抱えています。人々の興味があまりにも多様化しすぎて、メディア一つ一つの影響力が小さいためです。そのため、複数のメディアに横断的にリーチしないといけないという、なんとも煩雑な時代になりました。

いい商品を作ることも大事ですが、お客さまにリーチすることも大事です。むしろ、後者の方が重要性が高いケースも少なくありません。特にソーシャルゲームの大規模なＣＭを見ていると、明らかに開発よりもＣＭの撮影とプランニングにお金がかかっているように見えるものもあります。

メディアをコントロールすることを前提で考えないとムーブメントは生まれませんし、いいものを作っても、闇に消えるだけなんだ、とつくづく思いました。

もちろん、メディアや宣伝はリーチしてくれるのみであって、それが売上になるかというとそうでもないです。

「全米が泣いた！」などと大層なキャッチコピーと大量のCMを流している超駄作映画が多々あります。昔なら、仮に致命的な駄作だとしてもしばらくは1位を独走できましたが、今は批評サイトやソーシャルメディアがあるため、悪い噂だけは非常に速い勢いで流れます。いいものならば、いい評判も広がるのですが、いい評判を流してもらうためにはメディアや宣伝が必要になります。どちらが先かわからないニワトリとタマゴの世界です。

ソーシャルがはやって、メディアでなくても、宣伝しなくても、「モノ」が売れるかというと、ウソです。中身がないと、淘汰《とうた》されるのみで、結局、なんらかのメディアでリーチしないと短期間でムーブメントは発生しにくいと思ってます。

「ソーシャルで話題になってモノが売れました」などと、なかなか狙ってはできないのが今の時代の「モノの売り方」です。

本当に自殺するのは若者ではなく、オッサン

学生の自殺者が千人を超えてニュースで話題になりました。しかし、警視庁が発表した「平成22年中における自殺の概要資料」を読むと、日本で自殺者が多い問題の原因は若者の生きづらさではないと思ってます。この資料を独断と偏見で、3行でまとめると以下のようになります。

- 日本の自殺は30代から60代の無職のオッサンが大多数です。
- 女性の自殺者は3割程度です。
- 学生の自殺は2パーセント程度で、チョコボールの銀のエンゼルより少ない。

もちろん、こんなに豊かな国で学生の自殺が2パーセントでも多いとは思います。しかし、絶対数で見るかぎり、自ら命を絶つのは無職のオッサンばかりです。具体的に数字で見ると次のようになっています。

・自殺者の7割が男性。
・自殺者の7割が40歳以上。50代が中心。次は60代。
・自殺者の6割が無職。

つまり、ネットやニュースで話題になる、就職に困った女子大生の自殺は、数字の上ではごくまれです。

若者が年間千人で自殺するのとその15倍以上のオッサンが自殺しているのは、どっちが問題なのでしょうか?

おそらく、視聴率やメディア受けを考えるなら前者です。前者を取り上げたほうが、社会批判が大好きなオッサンが「ケシカラン」と言うためです。そして、実際に自殺するのはオッサンです。

「居場所も仕事も無いオッサン」のそれから

自殺するのは50代がいちばん多いです。たとえば、自殺しようとしている独身50代童貞職歴ゼロ加齢臭がプンプンするオッサンに「生きてれば、いいことあるよ!」と言っても、「ねえよ!」と返されそうですし、残念ながら、僕も次の言葉が見つかりません。

ちなみに、統計を見るかぎり、無職の次によく自殺するのが、自営業です。

日本に自殺が多い理由は、就職がどうのではないように思います。統計的に異常にオッサンに偏っています。

自殺原因の統計も載っているので、それを見るかぎり、原因は健康問題や経済的な理由が多いように見えます。

僕個人の感想ですが、日本に自殺が多い本当の理由は、オッサンの居場所も仕事もないことだと思っています。

若者が生きづらいとよく言われますが、それと自殺は関係ないです。それより、無職のオッサンが生きづらいのです。

僕も若いと思っていましたが、30代の後半を迎え、ネット業界ではオジサンに分類されるようになってしまいました。

僕の居場所がいつまであるのか、カウントダウンが始まっているのかもしれません。

あとがき

個人の時代

日本の伝統的な民生品家電メーカーが、どんどん赤字になっていっています。僕は、「来るべき時代が来てしまった」と思っています。多くの人が、これからの日本の将来は暗いと口をそろえて言います。僕はまったくそうは思いません。今より生活レベルは下がるでしょうが、そこまで憂うほどには下がらないと思います。

最近、だんだん世界中が、平均値に近づいていっているように思います。中国の上海やタイのバンコクでご飯を食べていても、前よりも値段がどんどん上がって、あまりお買い得な感じがなくなりました。逆に、日本で食べる松屋の牛丼などは、300円を切る値段で、味噌汁までついてくるため、上海で中国粥のセットを食べるより安かったりします。各国の首都レベルの都市の住宅の価格も、どんどん高くなり、新興国でもあまり安いと思えなくなりました。一方、東京のマンションは投資価値がないと言われるようになり、中古マンションの値段も下がってきました。

つまり、先進国はどんどん落ちていって、新興国がどんどん上がっていって、「世界全部が平均値くらい」に落ち着くんじゃないかと思っています。それがグローバリゼーションの最終形だと思っています。

これからは、自分の国の経済が豊かか、貧乏かというより、あなた個人が豊かか貧乏かという時代だと思っています。会社でもそうです。

考えてみてください。

日本で最も大きな会社である「トヨタ自動車」という会社に勤めている人が全員裕福かというと、そうでもありません。一方、地方で小さなネットショップを経営している人がベンツに乗っていたりします。

多くの国が平均値に近づき、結局は個人の努力でいろいろなものが享受できる時代になると思います。真摯に努力して、世の中にいい影響を与える人が、いろいろなものを享受できる時代だと思っています。

この本の中で、僕はサイトを売却したり、募金を集めたりしています。別に大きな会社に頼ってサイトを作ったわけでもありませんし、すべて、12万円で買ったレッツノートというB5サイズの小さなパソコン1台で、設計、開発、実装し、リリースしています。

僕は、特殊な技能の訓練を受けたわけでもありません。プログラミングの知識は、ほとんどネットで集めたものですし、誰かに教えてもらったことはないです。純粋なる好奇心と、これをやれば面白いのではないかという気持ちのみでやっています。

会社という大きな組織にいたときは、毎月給料をもらえてよかったのですが、自分がやったことに対して、社会に与える影響が著しく小さくなります。

今でも、会社の組織力と資金力は絶大な影響力を持っています。

しかし今、個人の影響力もまた大きくなってきています。ネットが普及し、個人である程度のことができてしまう時代になりました。個人で作ったプログラムが完成した次の日、各種メディアのニュースを席巻することも普通になってしまいました。

皆さんに言いたいです。

日本はこれから、経済や、国としての意識がどんどん悪くなるのかもしれません。何も考えないで生きている人ばかりだと、日本という国は、世界の中の平均的な国にどんどん近づいていくでしょう。しかし、あなた一人でも、世の中のために、何かを行い、世の中によい影響を与えて生きたいと真摯に願えば、いい方向に動くと思います。

最後に、今回のこの本を企画していただいたうえに、遅筆な僕のワガママに耐えていただいたフリー編集者の岡本弘美様、空気を読まない僕の注文に耐えていただいたＮａｎａブックスの荒尾宏治郎様、無茶なスケジュールでもデザインに対応していただいた井上祥邦様、本当に多忙なスケジュールの合間に描き下ろしの表紙を描いていただいた佐藤秀峰様、急なお願いにもかかわらず、特典の着うたをゼロから作曲してレコーディングまでしていただいたＴＡＫＵ

ＹＡ様、そして、ご協力いただだいたＮａｎａブックス様と、書店の皆様には感謝します。特に岡本弘美様が考えた『ソーシャルもうええねん』というタイトルがなければ、この本は生まれなかったと思いますし、これほど、発売前に反響がなかったと思います。皆様、本当にありがとうございました。

村上福之

２０１２年の秋に

【おもな参考文献】

◆守屋英一著『フェイスブックが危ない』（文藝春秋）
◆竹内宏編『アンケート調査年鑑２０１２年版』（並木書房）
◆金城辰夫監修『図説 現代心理学入門』（培風館）

この本は、『ITmediaオルタナティブ・ブログ』『誠ブログ』『BLOGOS』『エンジニアtype』に掲載されたブログを大幅に加筆変更し、書き下しとともに構成しました。

購入特典のページ

http://nomoresocial.net/
パスワード：0722

TAKUYA さんと作った
謎のスラッシュロック風
着うた (mp3/3gp) を
ダウンロードできます。
その他、編集後記やボツ原稿などが
ダウンロードできます。
TAKUYA さん
ありがとうございました！
(iPhone の場合、PC 経由での設定が必要です。)

TAKUYA：
1971年9月9日生まれ
京都市出身
ギタリスト　作詞作曲家　サウンドプロデューサー
元 JUDY AND MARY 元 ROBOTS

Special Thanks!

この本のために力を貸してくれた愛すべき仲間たち

いそもとさとる
mochy
sediakj
Razest 木村
堀内敏明
三村克巳
柴田 剛
予想屋マスター
PEPOTA
鈴木悌遍
ブゥニィ・ブゥ
鵜川裕文
@ozero
ysdyusk
片岡麻実
@gari_jp
もぐたそ
nobsato
ヒスデジさん
ベクレーヌ八千代
木村誠二
@esmasui
miquniqu
keiji_ariyama
kwb512
吉村 聡
h-hata3
goroh 君
島掛 裕
ぴぃ
わかめスレイヤー
MAKKI
はたお冬将軍
sekitoba
佐久間真理子
弘之
はぴねぇ@変態神
@fukayatsu
Tomokazu M
峯 英一郎
柴野俊平
@legoboku
inuchin
u_s_k
<div>T-Shirt
tomowatanabe
Led 布施
HolyGrail
noxi
DJ BUDO
沼田直之
@hayamu
louk2151
toyotagu
前田紘平
shin enmei
石倉 力
prinyuma
渡辺祐策
風呂めぐみ
coma
satocom
反戦反核福之彼女
久保直子
@tmtk75
shimay
nxukr
@eslar
畑中友博
藤田佳彦
dsk_abo
@kame
@ 親方
Y. 剛人
bozel_r
鈴木貴久彦
久保貴資
Takacy_K
magoroku
おさる
小野原明仁
@kojiokb
@eiz
エリー
HGC 太猿部
@matabii
萩原雄一
池本隆史
もわもわさん
team TOC
片岡邦夫
まさぽん
naplayer
わらいたけ
@akaney
小禄卓也
DJ Bloor
デスヤマ
水野嘉彦
@oga89
@gabu
ミタニ建設工業
桐生 学
エセ紳士
高木寛史
もちミケルソン
@tecco_master
@sugimotoak
smooth
@shuns_cis
@yksnk
QUN.JP
永田和宏
風のかたち
杉本礼彦
Tom*
山﨑 誠
kiyotune
八木俊広
佐藤ベジ
高山曜一
otachan
tama
@yuizi
@umesho1
meco300
やまぐちちひろ
タトゥーナビ
@R246
@Miki22j
masako_3d
そばちゃんこ
SHOGO
かとうまさや
佐藤直之
tmk
@kojira
正林俊介
nksm
ishizaku

装丁・本文デザイン――井上祥邦（yockdesign）
DTP――福原武志（エフ・クリエイト）
装画――佐藤秀峰
企画・編集――岡本弘美

村上福之（むらかみ・ふくゆき）

株式会社クレイジーワークス代表取締役 総裁
1975年大阪生まれ、37歳。8歳からプログラミングを学ぶ。関西の家電メーカーでの開発職を退職してオーストラリアを放浪中、Webデータベース開発を受託したことからWebプログラミングを独学で学び、業績から永住権を得る。
帰国後、フリーエンジニアとして漫画喫茶で開発した独自の動画コーデックが、経済産業省主催のビジネスプランコンテスト「ドリームゲートグランプリ」で国内2位となり、審査員を務めたGMOインターネット熊谷会長の支援で上京。
その後に電子書籍プラットフォーム「androbook」や、音楽配信プラットフォームである「andromusic」などを開発。

Nanaブックス
0120

ソーシャルもうええねん

2012年10月25日　初版第1刷発行
2012年12月19日　　　第4刷発行

著　者――――村上福之
発行者――――林 利和
編集人――――渡邉春雄
発行所――――株式会社ナナ・コーポレート・コミュニケーション
〒160-0022
東京都新宿区新宿1-26-6 新宿加藤ビルディング5F
TEL　03-5312-7473
FAX　03-5312-7476
URL　http://www.nana-cc.com
Twitter　@NanaBooks
※Nanaブックスは（株）ナナ・コーポレート・コミュニケーションの出版ブランドです

印刷・製本――シナノ書籍印刷株式会社
用　紙――――株式会社鵬紙業

ISBN 978-4-904899-33-5 C0036
落丁・乱丁本は、送料小社負担にてお取り替えいたします。